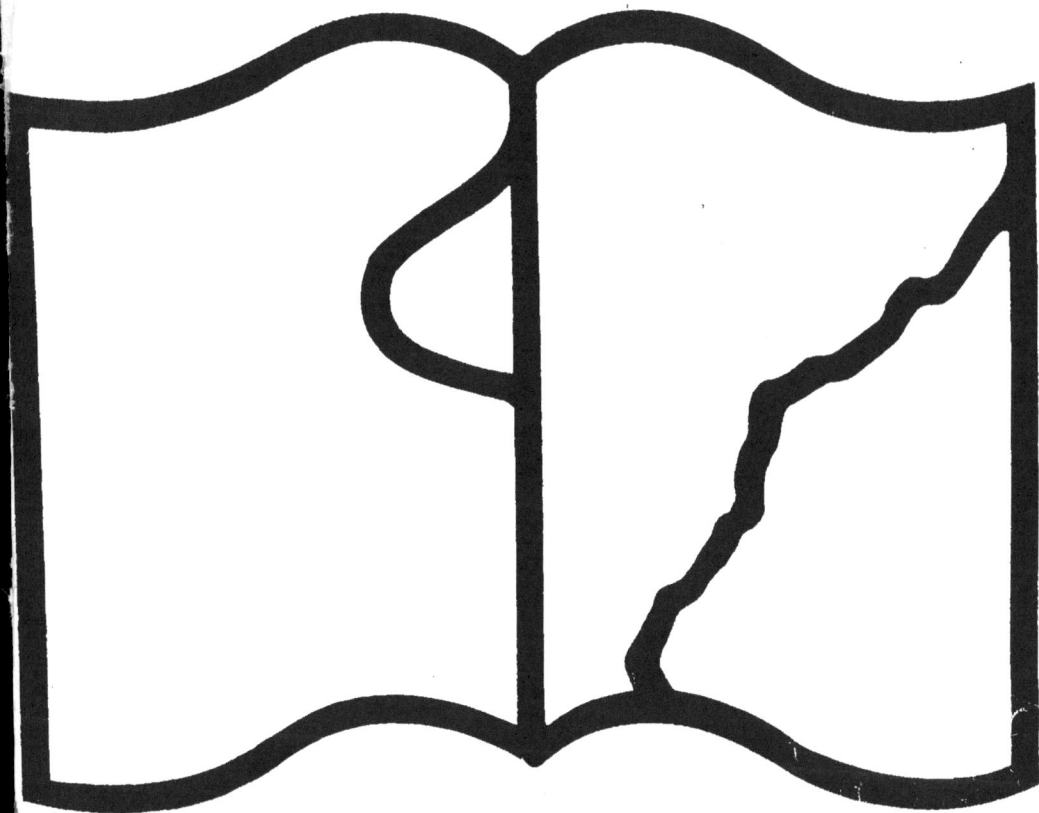

Texte détérioré — reliure défectueuse

NF Z 43-120-11

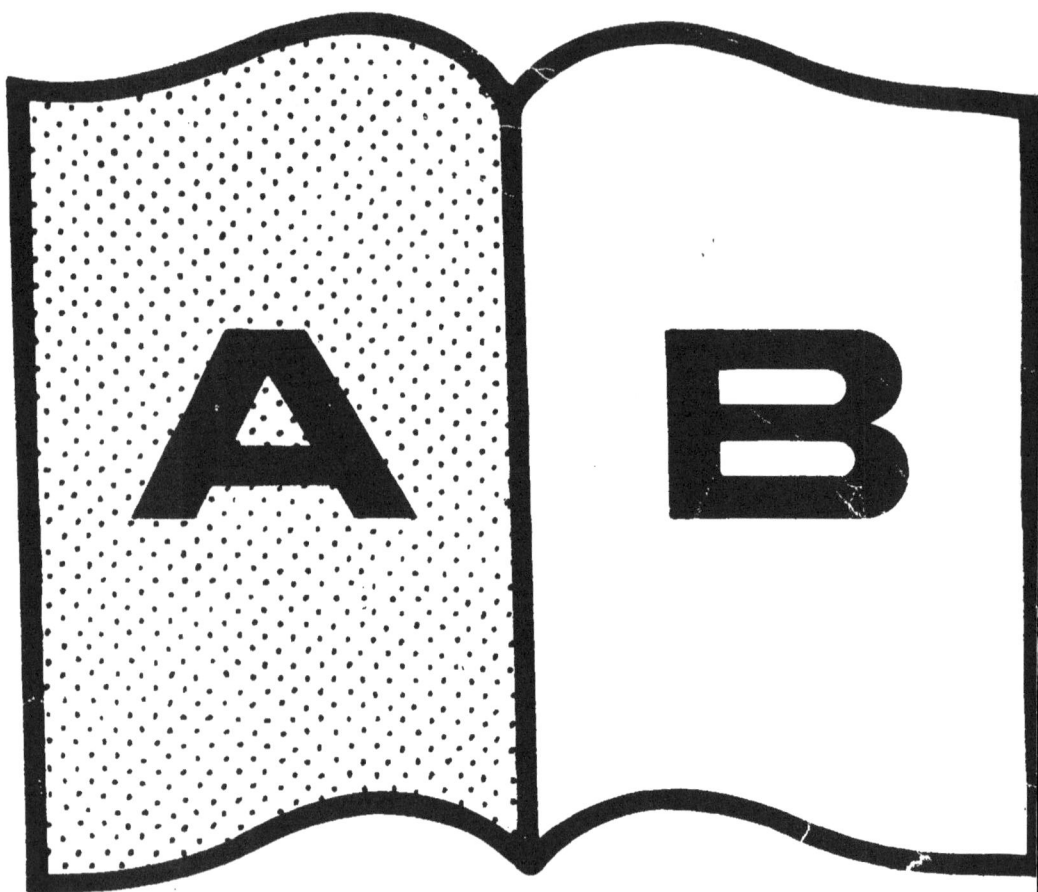

Contraste insuffisant

NF Z 43-120-14

REVUE

DE

L'EXPOSITION

UNIVERSELLE

PAR

ÉDOUARD GORGES

TROISIÈME ÉDITION

PREMIÈRE SÉRIE
LE PALAIS DE L'INDUSTRIE
BEAUX-ARTS FRANÇAIS — BEAUX-ARTS ÉTRANGERS — AGRICULTURE
ORFÉVRERIE — BIJOUTERIE

DEUXIÈME SÉRIE
BRONZES D'ART — BRONZES D'ART (suite) — AMEUBLEMENTS
TAPISSERIES — TAPIS — AMEUBLEMENTS — ÉBÉNISTERIE

TROISIÈME SÉRIE
MODES — SOIERIES DE LYON — CHANVRE — LINS
COTON — DRAPS — DENTELLES — CÉRAMIQUE — CRISTAUX
SUBSTANCES ALIMENTAIRES, ETC.

QUATRIÈME SÉRIE
IMPRIMERIE — PHOTOGRAPHIE
ÉCLAIRAGE — PHARES — PRODUITS CHIMIQUES — ALUMINIUM
ARMES — TÉLÉGRAPHE ÉLECTRIQUE
MATÉRIEL DES CHEMINS DE FER — MACHINES DIVERSES
RÉCOMPENSES, ETC., ETC.

PARIS

FERDINAND SARTORIUS, ÉDITEUR

9, RUE MAZARINE, 9

1856

V

BIBLIOTHÈQUE MODERNE

REVUE

DE

L'EXPOSITION UNIVERSELLE

PREMIÈRE SÉRIE

PREMIÈRE SÉRIE

—

C.

PARIS. — IMP. SIMON RAÇON ET COMP., RUE D'ERFURTH, 1.

BIBLIOTHÈQUE MODERNE

REVUE

DE

L'EXPOSITION

UNIVERSELLE

PAR

ÉDOUARD GORGES

Vingt livraisons à 50 centimes, avec des gravures

TROIS LIVRAISONS PAR MOIS

Le succès immense et mérité qu'obtient aujourd'hui l'Exposition universelle, succès qui a surpassé les plus légitimes espérances, doit nécessairement donner à tout le monde le désir de posséder une analyse exacte et fidèle de cette mémorable lutte de l'industrie et de l'art chez tous les peuples civilisés du globe.

En effet, quand on a été assez heureux pour jouir du magnifique spectacle que nous offrent le Palais de l'Industrie et le Palais des Beaux-Arts, on doit rechercher avidement tout ce qui nous en rappelle le souvenir.

Le public a déjà pu apprécier notre indépendance et notre impartialité; nous avons cherché à rendre aussi fidèlement que possible les impressions de notre esprit, et nous soumettons au public les objets qui ont plus particulièrement attiré notre attention.

Chaque branche d'industrie formera la matière d'une livraison séparée.

Nous prendrons la science à son début, nous constaterons ses différents progrès, et nous examinerons, en les comparant, les produits chez toutes les nations admises à notre Exposition.

Par les livraisons déjà publiées jusqu'à ce jour, le public peut se convaincre de la fidélité avec laquelle nous avons rempli le programme que nous nous étions tracé.

SOMMAIRE

Les livraisons suivantes contiendront l'ameublement, les papiers peints, la céramique, les Gobelins, etc., etc.

Les machines, les belles soieries et mille autres objets, vien-
dront ensuite; nous ferons notre possible pour que rien ne nous
échappe; alors nous aurons résolu le problème de donner en VINGT
LIVRAISONS une véritable Encyclopédie des Arts, des Sciences et de
l'Industrie au dix-neuvième siècle.

Pour jeter quelque variété dans cette Revue, nous avons joint
à la description des objets exposés la chronique des principaux
événements et le tableau toujours nouveau, toujours changeant,
que Paris offre à l'œil de l'observateur, surtout pendant l'Exposition.

Outre l'intérêt de la lecture, la REVUE DE L'EXPOSITION renfer-
mera des documents précieux pour tous les esprits que préoccupe
si vivement aujourd'hui le développement des Arts et de l'Industrie.

CONDITIONS DE LA SOUSCRIPTION

Le prix de chaque petit volume (72 pages, édition diamant, in-18 raisin,
avec gravures explicatives, impression et papier de luxe) est de CINQUANTE
CENTIMES pour Paris, de SOIXANTE-CINQ CENTIMES pour les départements.

La collection (20 livraisons) coûtera DIX FRANCS pour Paris, DOUZE FRANCS pour
les départements.

DIX livraisons envoyés franco à domicile à PARIS, CINQ fr.; pour la PROVINCE,
SIX fr.

Les livraisons 1 à 5 sont déjà réunies en un joli volume qui sera conservé
avantageusement dans chaque bibliothèque. Son prix est de 2 fr. 50 cent.; pour
la province, *franco*, par la poste, 3 fr. Il contient 10 gravures.

Les 20 livraisons de la *Revue de l'Exposition* formeront ainsi quatre volumes
de 1500 pages avec 40 gravures, au prix de 10 fr. à Paris, et pour la province,
franco, par la poste, 12 fr.

**Tous les Souscripteurs à l'ouvrage entier recevront en PRIME
GRATUITE une grande et belle lithographie, SOUVENIR DES
CHAMPS-ÉLYSÉES en 1855.**

Pour recevoir la prime *franco* dans tout le parcours des Messageries CAILLARD et C°,
ajouter UN fr., soit TREIZE fr. pour l'abonnement des 20 livraisons et la prime
franco à domicile.

Adresser les mandats à M. FERD. SARTORIUS, éditeur de la *Revue de l'Exposition
universelle*, rue Mazarine, 9, au bureau du *Dictionnaire de la Conversation*.

NOTA. *MM. les Exposants sont priés d'envoyer* franco *les notes sur leurs produits,
pour faciliter le travail du rédacteur.*

LA REVUE
DE
L'EXPOSITION UNIVERSELLE
OFFRE EN PRIME GRATUITE
A SES ABONNÉS

Une admirable lithographie sortant des ateliers de Lemercier,

INTITULÉE

SOUVENIR DES CHAMPS-ÉLYSÉES
en 1855

Les personnes qui auront visité l'Exposition constateront l'admirable fidélité de nos dessins; les autres, moins heureuses, pourront se faire une idée complète et fidèle du spectacle merveilleux que Paris offre en ce moment aux étrangers accourus de tous les points du globe.

Le panorama général est divisé en cinq parties, formant chacune le sujet d'un cadre séparé.

La première, au-dessous, représente une vue à vol d'oiseau de la place de la Concorde avec ses deux belles fontaines et l'obélisque au milieu ; la colonnade du Garde-Meuble à droite; à gauche, pour pendant, la galerie des machines, qui s'étend jusqu'à Chaillot, sur une longueur de douze cents mètres.

Au premier plan, en face, le massif des beaux arbres des Champs-Élysées, coupé par la grande avenue qui mène à l'Arc de Triomphe de l'Étoile.

Plus loin, le Palais de l'Industrie à gauche, le Cirque et l'Élysée à droite.

L'Arc de Triomphe couronne dans le lointain cette vue générale d'une fidélité merveilleuse.

Le second dessin représente, dans de plus vastes proportions, le Palais de l'Industrie, pavoisé des drapeaux de toutes les nations, avec les massifs des beaux arbres qui l'encadrent;

Le troisième est une vue de l'Arc de Triomphe qui couronne la grande avenue des Champs-Élysées;

Le quatrième, de la grande avenue des Champs-Élysées;

Le cinquième est la perspective de la galerie des machines se perdant dans les lointains brumeux des hauteurs de Passy.

La vue de ce cadre merveilleux peut seule donner à nos lecteurs une idée de toutes les merveilles qu'il renferme, et dont nous allons continuer la description.

Achetée chez un marchand d'estampes, la prime ne coûterait pas moins de dix francs, c'est-à-dire le prix de nos quatre volumes, formant une encyclopédie des arts et de l'industrie au dix-neuvième siècle.

PARIS. — IMP. SIMON RAÇON ET COMP., RUE D'ERFURTH,

BIBLIOTHÈQUE MODERNE

REVUE

DE

L'EXPOSITION

UNIVERSELLE

PAR

ÉDOUARD GORGES

PREMIÈRE SÉRIE

PARIS

FERDINAND SARTORIUS, ÉDITEUR

9, RUE MAZARINE, 9

1855

REVUE

DE

L'EXPOSITION UNIVERSELLE

I

QU'EST-CE QUE L'INDUSTRIE?

L'industrie, qui, jusqu'ici, paraissait être le privilége
exclusif des Anglais et des Américains, a, depuis
vingt-cinq ans à peine, pénétré dans nos mœurs, dans
nos habitudes; elle grandit de jour en jour et tend à
absorber toutes les forces vives et intelligentes de
la nation française, de la grande famille européenne.

Chaque siècle a ses besoins, ses aspirations, ses tendances.

Au moyen âge, les tournois de chevalerie et les disputes scolastiques;

Aux seizième et dix-septième siècles, la littérature et les beaux-arts;

Au dix-huitième siècle, la philosophie;

Au dix-neuvième, le triomphe de l'industrie;

La science crée, découvre, invente;

L'art donne la forme et la couleur;

L'industrie enfante ses produits, donne un corps, la réalité, la vie, aux théories de la science, aux caprices de l'imagination;

La littérature, c'est à la fois le lien qui unit, la lumière qui éclaire, la voix qui répond, le juge qui blâme ou conseille, et la gloire qui soutient, encourage et console.

Malgré la variété infinie de leurs applications, malgré les fautes et les erreurs commises, ces différentes manifestations du génie humain obéissent toutes à une loi invariable, la loi du progrès, et tendent nécessairement à l'émancipation et au bien-être des masses.

La science, la littérature, les beaux-arts et l'industrie se mêlent, se confondent et centuplent leurs forces, leurs actions, leur puissance, en les faisant toutes, sans le vouloir, sans le savoir même, converger vers un but commun : — le bien-être général.

Toutes les découvertes importantes réalisées par la mécanique, la chimie ou la fabrication proprement dite, ont eu pour effet immédiat de multiplier de plus en plus les productions de toute sorte, les subsistances, les vêtements, l'ameublement de nos demeures, les matériaux eux-mêmes de la construction.

L'industrie les répand et les met à la portée de tout le monde.

Procédant de la science, elle dompte, elle assouplit a matière aux besoins et aux volontés de l'intelligence.

Quoique de date toute récente, elle a déjà rendu à la France de très-grands services. Qu'on nous permette d'en citer quelques-uns.

En guerre avec toute l'Europe, la France se vit forcée de demander à l'industrie nationale des produits qu'elle ne pouvait plus acheter à l'étranger. La poudre manquait, et les procédés de fabrication étaient d'une lenteur désespérante. La science trouve un procédé aussi prompt, aussi rapide que la poudre elle-même. L'industrie le met en œuvre.

De tout temps, la France tirait de l'étranger la soude, cet agent universel de notre fabrication qui se lie de la manière la plus indispensable aux premiers besoins de la vie : la guerre rendait impossible toute transaction de peuple à peuple, et le manque de soude était la ruine de notre commerce. Le Blanc tira du sel marin cette substance précieuse et nous affranchit d'un impôt considérable.

La France ne produit pas de soufre, et la Sicile nous refusait la vente de ce produit. Sans soufre, pas de poudre, sans soufre, pas d'acide sulfurique, et, sans acide sulfurique, pas d'industrie possible. Dartigues retire le soufre de la pyrite, et l'industrie, multipliant les découvertes de la science, vient en aide aux efforts généreux de nos armes.

Au moyen de machines, qui sont à nos yeux la plus belle, la plus éclatante manifestation du génie, la mécanique est venue centupler les forces humaines, simplifier, abréger le travail, le rendre moins pénible et plus productif pour le maître et pour l'ouvrier.

Un seul homme suffit à diriger une machine qui à elle seule produit, sans fatigue, le travail de cent hommes.

Aujourd'hui, l'industrie est devenue une puissance non-seulement dans l'État, mais dans le monde.

Elle creuse, elle fouille les entrailles de la terre, et en retire :

Le charbon, qui lui sert de combustible ou de forces motrices appliquées à des usages qu'elle varie à l'infini ;

Les métaux précieux ;

Le fer, qui supprime les distances par la rapidité du parcours.

L'industrie façonne, change et recompose le sol, dessèche les marais fétides et répand la fertilité et l'abondance sur les lieux les plus pauvres, les plus arides.

Avant la fin du siècle, l'industrie aura, c'est notre conviction profonde, réalisé le rêve de la papauté impuissante : la domination universelle.

La vapeur, les communications électriques et la liberté des échanges produiront, nous n'en doutons pas, la paix universelle et la fraternité des peuples.

En un mot, l'industrie est à nos yeux la plus haute, la plus complète expression de la civilisation moderne.

II

EXPOSITION.

Vers la fin de l'an VI, le gouvernement du Directoire, voulant embellir les fêtes nationales et glorifier le travail, si profondément dédaigné avant la Révolution, eut, le premier, la pensée d'exposer au Champ de Mars les produits de l'industrie nationale. La difficulté des communications et la cherté des transports s'opposèrent en grande partie à la réalisation du programme ; néanmoins l'idée était ingénieuse, elle piqua la curiosité, et les départements voisins de la Seine envoyèrent leurs produits.

Cette première exposition dura trois jours et compta cent dix exposants.

En 1801, quelques jours après la paix de Lunéville, le premier consul accorda à l'exposition les honneurs du Louvre, doubla la durée de la solennité, et voulut distribuer les récompenses de sa main.

Le nombre des exposants, cette fois, s'éleva à deux cent vingt. En 1802, troisième exposition, qui, cette fois, atteignit le chiffre de cinq cent quarante exposants.

En 1806, l'empereur Napoléon comprit que, dans la lutte désespérée qu'elle avait à soutenir, la France ne devait plus compter que sur ses propres ressources, et trouver sur son sol, dans les ressources de son industrie, tous les produits que la marine lui apportait à grands frais de toutes les parties du monde.

Napoléon voulut donner à l'exposition une importance, une solennité inconnues jusque-là : on construisit sur l'esplanade des Invalides une vaste baraque qui, pendant vingt et un jours, resta ouverte à l'admiration de la foule ébahie.

Onze cent vingt-deux exposants envoyèrent leurs produits : et quels produits ! si l'on en juge par ce qu'étaient les arts, la science et la littérature à cette époque.

La mécanique et la chimie n'existaient pas encore, et la vapeur était dédaignée, chassée de France, malgré les expériences et les découvertes de Watt, de Fulton et les expériences du marquis de Jouffroy.

On sait quel profond mépris le grand homme avait pour les idéologues.

Néanmoins, cette exposition de 1806 parut au chef de l'État si complète, si satisfaisante, que M. de Champagny, ministre de l'intérieur, dressa, par son ordre, une sorte de statistique des forces industrielles de la France.

La Restauration eut aussi ses expositions : en 1819, 23 et 27; de onze cent vingt-deux, le chiffre des exposants s'éleva à seize cents et dix-sept cents. Le progrès était lent, mais sensible.

De 1830 à 1848, on compte également trois expositions industrielles. La première, en 1834, eut lieu dans quatre pavillons élevés aux angles de la place de la Concorde; celles de 1839 et 1844 dans un édifice temporaire élevé dans les Champs-Élysées, à l'endroit où s'élève aujourd'hui le Palais de l'Industrie. De deux mille quatre cent quarante-sept en 1834, le nombre des exposants atteignit, en 1844, le chiffre de trois mille neuf cent soixante.

Nous sommes loin déjà, comme on voit, des deux cent vingt exposants auxquels le premier consul daignait accorder les honneurs du Louvre.

Pourvu qu'on lui laisse la paix et la tranquillité nécessaires à la production, l'industrie est, de sa nature, assez indifférente aux mouvements politiques; aussi l'exposition de 1849, ouverte en pleine révolution, quand on voyait encore dans les rues dépavées les traces des barricades, compta le chiffre énorme de quatre mille cinq cents exposants.

1.

Vers 1830, un fonctionnaire des douanes, M. Boucher de Perthes, eut le premier l'idée de convoquer à un grand jubilé tous les produits de l'industrie universelle.

Mais la première Restauration ne soupçonna jamais un seul instant quel rôle important l'industrie était appelée à jouer dans les destinées du monde.

La seconde Restauration pas davantage. Cependant, bonnes gens au fond, les ministres du dernier règne laissaient assez volontiers tout faire autour d'eux, à la condition de ne rien leur demander, et pourvu qu'on eût l'air de prêter une oreille attentive à leurs interminables discours.

Repoussée par les gouvernements français, la pensée de M. Boucher de Perthes fut favorablement accueillie à Londres.

Le prince Albert s'entoura des hommes les plus considérables dans l'État, et la première exposition universelle fut inaugurée à Hyde-Park, en 1851, avec un éclat inconnu jusque-là.

Les produits affluèrent des points les plus éloignés du globe. L'Europe, l'Asie, l'Afrique et l'Amérique envoyèrent des échantillons de leurs industries et des jurés pour prononcer sur les récompenses à décerner.

Le succès prodigieux obtenu par l'exposition du Palais de Cristal excita l'émulation de tous les gouvernements. Dublin, New-York et Munich voulurent avoir et eurent aussi leur exposition universelle.

Fidèle à ses antécédents, le gouvernement de la France resta seul en arrière de ce grand mouvement industriel.

Ce qu'on enviait à l'Angleterre, ce qu'on trouvait de bon et d'utile à imiter, c'était le palais de verre.

Le décret du 27 mars 1852 donna une satisfaction complète aux légitimes susceptibilités de l'amour-propre national.

Ce décret est ainsi conçu :

RÉPUBLIQUE FRANÇAISE.

« Au nom du peuple français,

« Louis-Napoléon,

« Président de la République française,

« Considérant qu'il n'existe à Paris aucun édifice propre aux expositions publiques qui puisse répondre à ce qu'exigeraient le sentiment national, les magnificences de l'art et les développements de l'industrie;

« Considérant que le caractère temporaire des constructions qui, jusqu'à présent, ont été affectées aux expositions est peu digne de la grandeur de la France;

« Sur le rapport du ministre de l'intérieur,

« Décrète :

« Article 1er. Un édifice destiné à recevoir les expositions nationales, et pouvant servir aux cérémonies publiques et aux fêtes civiles et militaires, sera construit d'après le système du Palais de Cristal de Londres, et établi dans le grand carré des Champs-Élysées.

« Art. 2. Le ministre de l'intérieur est chargé de faire étudier le projet énoncé dans l'art. 1er, et de nous proposer, d'accord avec la ville de Paris, les moyens les plus propres à arriver à une prompte et économique exécution.

« Fait au palais des Tuileries, le 27 mars 1852.

« LOUIS-NAPOLÉON.

« Par le prince-président :
« *Le ministre de l'intérieur*,

« F. DE PERSIGNY. »

Quant à la pensée d'une exposition universelle, il n'en est pas, comme on le voit, question le moins du monde ; il s'agit simplement d'un monument à édifier, rien de plus.

Le gouvernement du roi Louis-Philippe avait bien eu quelques velléités de construire une salle pour les expositions, mais on dut renoncer à ce projet ; l'opposition ne l'eût certes pas permis. Grever le budget ! gaspiller les deniers des contribuables ! etc., etc.

La tâche était au-dessus de l'inertie et de l'ineptie des hommes de 1849.

Au mois d'août 1852, il ne s'agit encore que du marché à passer avec le banquier concessionnaire de l'entreprise. Le décret du 30 août en détermine les clauses et conditions.

RÉPUBLIQUE FRANÇAISE.

« Au nom du peuple Français,

« Louis-Napoléon,

« Président de la République française,

« Sur le rapport du ministre de l'intérieur;

« Vu le décret du 27 mars 1852, relatif à la construction, dans le grand carré des Champs-Élysées, d'un édifice destiné à recevoir les expositions nationales, et pouvant servir aux cérémonies publiques et aux fêtes civiles et militaires;

« Vu la délibération de la commission municipale de la ville de Paris, en date du 23 juillet 1852, laquelle autorise M. le préfet de la Seine à louer à l'État le grand carré des fêtes aux Champs-Élysées;

« Vu la convention passée entre le ministre de l'intérieur, de l'agriculture et du commerce et MM. Ardoin et compagnie;

« Le conseil d'État entendu;

« Décrète :

« Article 1er. Est approuvée la location à l'État, par la ville de Paris, du grand carré des fêtes aux Champs-Élysées, conformément aux stipulations contenues dans la délibération de la commission municipale de cette ville, en date du 23 juillet 1852.

« Art. 2. Est également approuvée la convention passée entre le ministre de l'intérieur, de l'agriculture et du commerce et MM. Ardoin et compagnie, pour la concession de l'édifice destiné à recevoir les expositions nationales, et pouvant servir aux cérémonies publiques et aux fêtes civiles et militaires.

« En conséquence, MM. Ardoin et compagnie sont et demeurent concessionnaires dudit édifice, aux clauses et conditions du cahier des charges annexé à ladite convention.

« Art. 3. Le ministre secrétaire d'État au département de l'intérieur, de l'agriculture et du commerce et le ministre des finances sont chargés, chacun en ce qui le concerne, de l'exécution du présent décret.

« Fait au palais de Saint-Cloud, le 30 août 1852.

« LOUIS-NAPOLÉON.

« Par le prince-président :
« *Le ministre des travaux publics,*

« P. MAGNE.

« *Le garde des sceaux,*

« ABBATUCCI. »

Cependant l'opinion publique commençait à se préoccuper de l'infériorité où une simple exposition nationale allait placer la France relativement à Londres et à New-York.

Le décret du 11 mars 1853 eut donc pour objet de transformer l'exposition nationale de 1854 en exposition universelle, fixée au 1er mai 1855 :

« Napoléon,

« Par la grâce de Dieu et la volonté nationale, empereur des Français,

« A tous présents et à venir, salut :

« Sur le rapport de notre ministre secrétaire d'État au département de l'intérieur,

« Avons décrété et décrétons ce qui suit :

« Article 1er. Une exposition universelle des produits agricoles et industriels s'ouvrira à Paris, dans le Palais de l'Industrie, au carré de Marigny, le 1er mai 1855, et sera close le 30 septembre suivant.

« Les produits de toutes les nations seront admis à cette exposition.

« Art. 2. L'exposition quinquennale, qui, aux termes de l'art. 5 de l'ordonnance du 4 octobre 1833, devait s'ouvrir le 1er mai 1854, sera réunie à l'exposition universelle.

« Art. 3. Un décret ultérieur déterminera les conditions dans lesquelles se fera l'exposition universelle, le régime sous lequel seront placées les marchandises exposées, et les divers genres de produits susceptibles d'être admis.

« Art. 4. Notre secrétaire d'État au département de l'intérieur est chargé de l'exécution du présent décret.

« Fait au palais des Tuileries, le 8 mars 1853.

« NAPOLÉON.

« Par l'empereur :

« *Le ministre secrétaire d'État au département de l'intérieur,*

« F. DE PERSIGNY. »

Un décret du 22 juin de la même année réunit à cette solennité une Exposition universelle des beaux-arts, et, le 24 décembre suivant, l'Exposition universelle des produits de l'agriculture, de l'industrie et des beaux-arts était placée sous la direction et la surveillance d'une commission présidée par S. A. I. le prince NAPOLÉON, et composée de :

MM. A. FOULD, ministre d'État,

 P. MAGNE, ministre des finances,

 ROUHER, ministre de l'agriculture, du commerce et des travaux publics,   *Vice-Présidents ;*

 BAROCHE, président du conseil d'État ;

 BILLAULT, ministre de l'intérieur ;

 TROPLONG, président du Sénat ;

 Comte DE MORNY, président du Corps législatif ;

 Maréchal VAILLANT, ministre de la guerre ;

MM. Lord Cowley, ambassadeur d'Angleterre;

Élie de Beaumont, sénateur, membre de l'Institut.

Michel Chevalier, conseiller d'État, membre de l'Institut;

Eugène Delacroix, peintre, membre de la Commission municipale et départementale de la Seine;

Jean Dolfus, manufacturier;

Dumas, sénateur, membre de l'Institut;

Baron Charles Dupin, sénateur, membre de l'Institut:

Comte de Gasparin, membre de l'Institut;

Gréterin, conseiller d'État, directeur général des douanes et des contributions indirectes;

Heurtier, conseiller d'État;

Ingres, membre de l'Institut;

Legentil, président de la chambre de commerce de Paris;

Leplay, ingénieur en chef des mines;

Comte de Lesseps, directeur des consulats et des affaires commerciales au ministère des affaires étrangères;

Mérimée, sénateur, membre de l'Institut;

Mimerel, sénateur;

Général Morin, directeur du Conservatoire impérial des arts et métiers;

MM. Prince DE LA MOSKOWA, sénateur ;

Marquis DE PASTORET, sénateur, membre de l'Institut ;

ÉMILE PEREIRE, président du conseil d'administration du chemin de fer du Midi ;

Général PONCELET, membre de l'Institut ;

REGNAULT, membre de l'Institut, administrateur de la manufacture impériale de Sèvres ;

SALLANDROUZE, manufacturier, député au Corps législatif ;

DE SAULCY, membre de l'Institut, conservateur du Musée d'artillerie ;

SCHNEIDER, vice-président du Corps législatif, membre du conseil supérieur du commerce, de l'agriculture et de l'industrie ;

Baron SEILLÈRE (Achille) ;

SEYDOUX, député au Corps législatif ;

SIMART, membre de l'Institut ;

VAUDOYER, architecte ;

ARLÈS DUFOUR, secrétaire général ;

A. THIBAUDEAU, secrétaire général adjoint ;

DE MERCEY, secrétaire de la section des beaux-arts ;

AUDIGANNE,   } *Secrétaires de la section de l'a-*
CHEMIN-DUPONTÈS, } *griculture et de l'industrie.*

Pendant cinquante ans, MM. les ministres des travaux publics, de l'agriculture et du commerce ont dormi sur leurs fauteuils ; il est temps qu'ils s'éveillent enfin. L'industrie fait chaque jour des progrès incroyables, enfante de nouvelles merveilles ; rien ne peut plus arrêter longtemps sa marche ; rien, pas même la guerre.

Le monde entier a voulu apporter à notre Exposition les échantillons les plus brillants de ses produits, de ses industries. Le nombre des exposants de Londres n'était guère que de dix-huit mille ; dans son discours d'inauguration, le prince Napoléon a évalué à vingt mille les exposants admis au Palais des Champs-Élysées.

Tout nous fait donc espérer pour cette seconde fête internationale, symbole d'alliance et de paix offert à la grande famille humaine, un succès égal au moins à celui de la grande exhibition d'Hyde-Park en 1851.

De cette grande revue industrielle devront nécessairement surgir de grands enseignements, des comparaisons utiles pour tout le monde.

Après avoir embrassé l'ensemble des diverses parties de l'Exposition, nous aurons à constater l'état actuel des diverses fabrications, et à comparer le degré de perfection des produits similaires. Enfin, nous examinerons les prix, et nous verrons si le bon marché est dû à une fabrication plus habile, plus intelligente ou à la qualité inférieure des produits manufacturés.

III

LE PALAIS DE L'INDUSTRIE.

Construit sur les plans de M. Alexis Barrault, ingénieur, et sur les dessins de M. Viel, architecte, le Palais de l'Industrie forme un vaste parallélogramme, long de deux cent cinquante mètres et large de cent huit.

De loin, son dôme de cristal rappelle assez l'aspect de la mer.

L'entrée principale du Palais, donnant sur l'avenue des Champs-Élysées, a un caractère vraiment monumental et d'une grandeur imposante.

La grande porte d'entrée, formée en plein cintre, dessine une arche gigantesque plus grande que celle de l'arc de triomphe de l'Étoile. Au milieu de cette immense arcade, trois portes d'entrée, dont les deux latérales manquent complétement d'espace.

Cette porte d'honneur s'ouvre au milieu d'un avant-corps surmonté d'une attique que domine la statue colossale de la France distribuant des couronnes d'or à l'Art et à l'Industrie, assis à ses pieds.

Ce groupe est de M. Élias Regnault.

A droite et à gauche sont deux groupes de génies.

gracieux de mouvement et soignés d'exécution, soutenant des cartouches ornés des armes et des chiffres
de Napoléon.

Au-dessous du groupe principal s'étend une frise
soutenue par quatre colonnes corinthiennes; contrairement aux règles de l'art, le piédestal les dépasse
en hauteur et atteint le premier étage. Les figures
représentent l'Industrie et l'Art offrant leurs produits
au buste de l'Empereur. Ce bas-relief, d'un ensemble
agréable, est de M. Desbœufs.

Au sommet de la voûte, M. Victor Vilain a scuplté
un aigle colossal aux ailes déployées, de quatre mètres
d'envergure.

Deux grandes Renommées, sculptées par Diébolt,
ornent à droite et à gauche les tympans du grand arc.
Quatre médaillons de grands hommes complètent l'ornementation de l'avant-corps du Palais.

Quatre pavillons, Nord-Ouest, Sud-Ouest, Nord-
Est, Sud-Est, coupent le parallélogramme à angle
droit, et forment saillie avec retour.

Les parties latérales, qui se détachent de l'avant-
corps, sont formées de deux étages éclairés par un
double rang de six cents hautes fenêtres en plein
cintre. Cette interminable répétition de fenêtres juxta-
posées sur deux étages nous a paru monotone et nui-
sible à l'effet de l'ensemble.

Deux cent cinq noms d'hommes illustres dans les

sciences, les arts et l'industrie, sont gravés en lettres d'or sur la frise qui règne tout autour de ce nouveau Panthéon de l'industrie universelle.

Nous donnerons plus loin les noms et quelques notes biographiques.

L'intérieur du bâtiment est divisé par quatre galeries et une grande nef centrale ayant cent quatre-vingt-douze mètres de long, quarante-huit de large et trente-cinq mètres d'élévation.

Les quatre galeries longitudinales et transversales ont un rez-de-chaussée et sont coupées à la hauteur du premier étage par une galerie supérieure qui règne autour de la grande nef.

Une balustrade élégante permet d'embrasser d'un coup d'œil tout l'espace compris dans le transsept.

Sur tout le pourtour de la grande nef règne une frise peinte dont les ornements sont en harmonie avec ceux de la galerie supérieure. Cette frise se compose de panneaux découpés à jour, entre lesquels sont placés des écussons surmontés de couronnes murales et peints aux armes des villes de France.

Douze grands escaliers, placés dans les six pavillons, mettent en communication le premier étage et le rez-de-chaussée.

Le pavillon Nord contient : le salon de l'Empereur, les différentes salles des jurys, le logement du directenir, les bureaux de l'administration, vestiaires, corps de garde, etc.

Dans le pavillon Sud sont les salles affectées au service médical, vestiaires, corps de garde, etc.

Les pavillons Nord-Ouest, Sud-Ouest, Nord-Est et Sud-Est contiennent, outre les escaliers doubles, des vestiaires et des sorties extérieures.

L'enceinte du Palais et les pavillons sont en pierre, l'intérieur en fer et en fonte, et la couverture en glaces dépolies.

La superficie totale du Palais s'élève à quarante-cinq mille mètres carrés, dont vingt-sept mille pour le rez-de-chaussée, et dix-huit mille pour les galeries supérieures.

ANNEXES.

Construit en vue d'une Exposition nationale, le Palais de l'Industrie est devenu, malgré ses vastes proportions, insuffisant pour une Exposition universelle.

La Commission comprit la nécessité de construire une annexe destinée à recevoir les machines, les matières premières et les produits les plus encombrants.

Cette annexe, qui a été placée le long du quai, depuis la place de la Concorde jusqu'à Chaillot, embrasse en ligne droite une longueur de douze cents mètres;

sous une voûte en verre de dix-sept mètres d'élévation.

On obtint ainsi une surface disponible de trente mille mètres carrés.

Sur la moitié du parcours, on a construit, des deux côtés, à la hauteur d'un premier étage, deux longues galeries, la première longeant le quai, l'autre l'avenue du Cours-la-Reine, larges chacune de six mètres, et laissant à la perspective toute sa profondeur.

Près de quatre cents colonnes octogones, en fonte et à moulures, séparent le transsept des nefs latérales et soutiennent les galeries du premier étage. Plus de huit cents autres colonnes supportent les arceaux de fonte entre lesquels sont placés les châssis vitrés.

Plus tard encore, diverses additions ont été résolues au fur et à mesure des demandes qui affluaient de toutes parts à la sous-commission de l'Exposition, et auxquelles le manque d'espace ne permettait plus de satisfaire. On espérait que rien ne serait plus changé aux dimensions des galeries de l'Exposition, lorsque les plaintes des fabricants de Paris ont décidé le gou-vernement à faire encore un effort pour accroître l'es-pace disponible. En effet, près de la moitié des industriels de Paris n'avaient pas pu être admis, faute de place; ceux qui avaient été plus heureux avaient obtenu un emplacement si étroit, qu'il leur était impossible de dé-ployer leurs produits avec avantage.

Quelques industries importantes avaient été presque

entièrement sacrifiées. L'ébénisterie du faubourg Saint-Antoine, qui avait fait de grands sacrifices pour l'Exposition, ne devait être représentée que par des échantillons tout à fait insignifiants.

Enfin, on s'est décidé à construire une nouvelle galerie qui relie le palais principal à l'annexe du bord de l'eau.

La rotonde du Panorama se trouve placée au milieu de cette galerie ; elle servira de buffet pour la vente des rafraîchissements. Mais, comme il n'était pas possible d'intercepter la voie publique du Cours-la-Reine, entre l'annexe et le Palais de l'Industrie, cette galerie se termine, entre la rotonde et l'annexe, par un pont.

On a évité ainsi le grave inconvénient d'être obligé de sortir du palais principal pour entrer dans l'annexe.

Cette nouvelle galerie ajoute environ six mille mètres carrés à la superficie générale.

Ainsi, l'emplacement de l'Exposition forme un ensemble de quatre-vingt-neuf mille mètres carrés, divisés de la manière suivante :

Palais principal, au rez-de-chaussée.	27,000 mètres.
— dans les galeries sup.	18,000
Annexes au rez-de-chaussée. . . .	30,000
— dans la galerie supérieure.	8,000
Nouvelle galerie de la Rotonde. . .	6,000
TOTAL. . .	89,000 mètres.

2

Si à ces diverses constructions on ajoute les vingt mille mètres du Palais des Beaux-Arts, dix mille mètres pour l'Exposition d'Horticulture, on arrive à trouver environ CENT VINGT MILLE mètres carrés, ou douze hectares, soit un tiers de plus que n'en offrait l'Exposition de Londres.

La construction du Palais de l'Industrie était d'abord évaluée à treize millions. Les travaux supplémentaires des annexes ont entraîné un excédant de dépenses de quatre millions. — Total, dix-sept millions de francs.

La France pourra se glorifier à juste titre de l'Exposition universelle de 1855. Mais voici quelques chiffres qui disent aussi ce que le Palais de l'Industrie a coûté aux ouvriers qui l'ont construit :

On compte cinq cent quatre-vingt-quatorze blessés, vingt-cinq chutes, dix-neuf fractures et six morts.

INAUGURATION.

Le 15 mai, à dix heures du matin, l'infanterie massée dans les environs du palais des Tuileries forma une haie depuis le château jusqu'à l'entrée principale du Palais de l'Industrie.

Les portes du Palais s'ouvrirent, et le public fut, pour la première fois, admis à pénétrer dans l'intérieur.

Au milieu de la nef, en face de la porte principale

que nous avons décrite, s'élevait le trône impérial.

Deux fauteuils et un pliant étaient placés sous un dais de velours pourpre, surmonté de la couronne impériale et parsemé d'abeilles d'or. De chaque côté du baldaquin tombait une large draperie à franges d'or. Sur le fond se détachaient les armes de l'Empire.

Devant le trône et aux deux côtés étaient rangées des banquettes couvertes également de velours rouge, destinées aux dames des maisons impériales, au Sénat, au Corps législatif, au conseil d'État, au corps diplomatique, aux membres de la Commission impériale, au jury international, aux commissaires étrangers, à la cour de cassation, et, enfin, à tous les corps constitués convoqués à cette grande solennité.

Dans les entre-colonnements de la galerie principale étaient appendus des cartouches portant les noms des nations qui ont envoyé leurs produits à l'Exposition. Le nom de l'Angleterre s'y trouve dix fois répété; celui des États-Unis cinq; celui de la Belgique trois; celui de l'Autriche quatre. La Prusse, la Saxe, le Hanovre, le Wurtemberg, la Bavière, y apparaissent chacun une fois. Vingt-deux cartouches répètent le nom de la France. Au-dessus de ces cartouches se détachent les armes des nations qui y sont inscrites, et de chaque côté sont des trophées de drapeaux aux couleurs de chacune de ces nations.

Un nombre considérable de banderoles suspendues à

la voûte portent les noms des principales villes dont les produits vont s'étaler aux yeux des visiteurs. Paris, Londres, New-York, Valenciennes, Nantes, Bordeaux, Marseille, Lille, Rouen, Mulhouse, Lyon, Rennes, Elbeuf, Limoges, Saint-Étienne, Toulouse, le Havre, Nîmes, Sedan, Louviers, Turin, Rome, Leeds, Sheffield, Birmingham, Glascow, Manchester, Dublin, Édimbourg, Philadelphie, Baltimore, Boston, Bruxelles, Namur, Liége, Charleroy, Vienne, Prague, Milan, Berlin, Dresde, Munich.

A une heure moins quelques minutes, le canon des Invalides annonça le départ de l'Empereur et de l'Impératrice, qui traversèrent le jardin des Tuileries dans une splendide voiture à huit chevaux.

Le cortége impérial défila dans l'ordre suivant :

En tête, un escadron de cuirassiers de la garde impériale.

Puis suivaient les voitures des grands dignitaires de la maison de l'Empereur ; S. A. I. la princesse Mathilde, accompagnée de son chevalier d'honneur et des dames de sa maison.

Enfin, le carrosse impérial.

Un escadron de cuirassiers de la garde fermait la marche ; les tambours battaient aux champs, et la musique jouait l'air : *Partant pour la Syrie*.

LL. MM. furent reçues à l'entrée du Palais de l'Industrie et conduites jusqu'au trône par S. A. I. le prince

Napoléon, président de la Commission supérieure de l'Exposition universelle, accompagné des officiers de sa maison, des secrétaires généraux et du commissaire général.

A la droite du trône étaient les ambassadeurs et les ministres; à gauche, les membres de la famille impériale et la maison de LL. MM. Les maréchaux, les cardinaux, les grand-croix de l'ordre de la Légion d'honneur.

A leurs places respectives se tenaient les députations des corps constitués de l'État, des cours et tribunaux, la cour impériale, les membres du jury de l'Exposition et du jury international, les membres de l'Institut.

L'Empereur et l'Impératrice, précédés des officiers de la maison impériale, firent leur entrée au milieu des acclamations de l'assemblée. LL. MM. étaient suivies de la princesse Mathilde, derrière laquelle marchaient cinq dames d'honneur.

L'Empereur et l'Impératrice, parvenus au trône, saluèrent l'assemblée, qui leur répondit par de vives acclamations.

Le prince Napoléon, se tournant alors vers l'Empereur, lui adressa le discours dans lequel nous avons remarqué les passages suivants :

2.

« Sire,

« L'Exposition universelle de 1855 s'ouvre aujourd'hui, et la première partie de la tâche que vous nous avez donnée est remplie.

« Permettez-moi, Sire, de vous exposer, au nom de la commission impériale, le but que nous avons voulu atteindre, les moyens que nous avons employés et les résultats que nous avons obtenus.

« Nous avons voulu que l'Exposition universelle ne fût pas uniquement un concours de curiosité, mais un grand enseignement pour l'agriculture, l'industrie et le commerce, ainsi que pour les arts du monde entier. Ce doit être une vaste enquête pratique, un moyen de mettre les forces industrielles en contact, les matières premières à portée du producteur, les produits à portée du consommateur ; c'est un nouveau pas vers le perfectionnement, cette loi qui vient du Créateur, ce premier besoin de l'humanité et cette indispensable condition de l'organisation sociale.....

« Nous avons suivi nos voisins et alliés, qui ont eu la gloire du premier essai ; nous l'avons complété par l'appel aux beaux-arts.

« Votre Majesté a constitué la commission impériale le 24 décembre 1853. Notre premier travail a été le règlement général que vous avez approuvé par décret du 6 avril, qui est devenu la loi constitutive de l'Exposition, et qui comprend une classification que nous croyons plus rationnelle.....

« Enfin, par une innovation hardie qui n'avait pas été faite à Londres, les produits exposés peuvent porter l'indication de leur prix, qui devient ainsi un élément sérieux d'appréciation pour les récompenses. Tous ceux qui s'occupent des questions industrielles comprendront combien ce principe est important et quelles peuvent en être les conséquences, malgré certaines difficultés d'appréciation.

« Dans les beaux-arts, deux systèmes se présentaient : fallait-il faire une Exposition pour les œuvres, sans se préoccuper de savoir si les artistes étaient morts ou vivants, ou pour les artistes, en n'admettant que les œuvres des vivants ?

« La première idée a été soutenue ; elle répondait peut-être mieux au programme qui voulait un concours de l'art au dix-neuvième siècle ; elle n'a cependant pas été adoptée à cause des difficultés d'exécution qu'elle soulevait.

« Nous avons accueilli sans révision toutes les œuvres des artistes étrangers admises par leurs comités ; nous n'avons été sévères que pour nous-mêmes. La tâche d'un jury d'admission est difficile et ingrate, surtout dans une Exposition universelle, où les principes des Expositions ordinaires n'étaient plus applicables, et où le jury avait à choisir les armes de la France dans cette lutte qui s'agrandissait......

« La séparation du bâtiment affecté aux beaux-arts a tout d'abord été reconnue indispensable, et cette construction provisoire a été achevée à l'époque fixée. A mesure que l'Exposition prenait du développement, on décidait la construction nouvelle. Pendant que j'étais en Orient pour le service de la France et de Votre Majesté, une annexe de 1,200 mètres de long sur le bord de la Seine a été établie. Cette annexe, qui contient les machines en mouvement, sera terminée dans quinze jours.

« Depuis quelques semaines seulement, le Panorama a été reconnu indispensable ; il doit être entouré d'une vaste galerie qui mettra en communication le bâtiment principal avec l'annexe, et qui sera prête avant un mois.

« Alors l'Exposition sera complète.

« Dans notre pays, c'est habituellement le gouvernement qui se charge de toutes les grandes entreprises ; pour arrêter l'exagération de cette tendance, Votre Majesté a donné un grand essor à l'industrie privée. La Compagnie à laquelle l'exploitation du Palais de l'Industrie a été concédée devait trouver dans le prix d'entrée la rémunération du capital employé à la construction ; de là la nécessité d'un prix d'entrée. Nous avons cependant sauvegardé autant que possible les intérêts du peuple en obtenant que, les dimanches, l'entrée fût réduite à 20 centimes.

« Nous pouvons, dès à présent, grâce au catalogue fait avec une grande activité, indiquer le nombre des exposants. Il ne s'élevera pas à moins de 20,000, dont 9,500 de l'empire français, et 10,500 environ de l'étranger. »

L'Empereur a répondu à S. A. I. :

« Mon cher cousin,

« En vous plaçant à la tête d'une commission appe·lée à surmonter tant de difficultés, j'ai voulu vous donner une preuve particulière de ma confiance. Je suis heureux de voir que vous l'avez si bien justifiée. Je vous prie de remercier, en mon nom, la commission des soins éclairés et du zèle infatigable dont elle a fait preuve. J'ouvre avec bonheur ce temple de la paix qui convie tous les peuples à la concorde. »

Après ce discours, et pendant que l'orchestre exécutait l'ouverture de la *Muette*, LL. MM. descendirent du trône. L'Empereur, donnant la main à l'impératrice, suivi du prince Napoléon, de la princesse Mathilde, des officiers et des dames de leurs maisons, parcoururent lentement la galerie principale. LL. MM., après être revenues à leur point de départ, saluèrent l'assemblée et se retirèrent au bruit de nouvelles ac-

clamations. De nouvelles salves d'artillerie annoncè-
rent leur retour aux Tuileries.

Quand on se reporte à la modeste exhibition du
Champ de Mars, imaginée par le Directoire, on est
frappé de la haute fortune, de la faveur immense qui
s'attache aux Expositions, et l'on cherche les motifs
de ce concours empressé de toutes les parties du
monde.

Ils sont bien évidents, selon nous : c'est que l'industrie n'est pas une puissance isolée... c'est qu'elle
représente la civilisation qui se développe et grandit
chaque jour... le progrès collectif et simultané des
lettres, des sciences et des arts.

Glorifier l'industrie, n'est-ce pas élever un palais au
travail?

BIOGRAPHIE

DES

INVENTEURS ET HOMMES CÉLÈBRES

DONT LES NOMS SONT GRAVÉS
SUR LES MURS DU PALAIS DE L'INDUSTRIE

ABAILARD (Pierre), religieux de l'ordre de Saint-Benoît, né à Palais, près de Nantes, en 1079, mort au prieuré de Saint-Marcel, près de Châlons-sur-Saône, en 1142. Il dut à son malheur de passer à la postérité. Singulier nom sur les murs d'un palais de l'industrie.

ADANZON (Michel), né à Aix le 7 avril 1727, mort à Paris en 1806; botaniste. Il a laissé une histoire naturelle du Sénégal et la *Famille des plantes*. Nous supprimerons cette formule sacramentelle « mort dans la misère, » qui couronne à peu près toutes les biographies des inventeurs et des hommes utiles.

AMONTONS (Guillaume), né à Paris en 1663, mort en 1705. Il est le véritable inventeur de l'art télégraphique.

AMPÈRE, né en 1775, mort en 1837. Son *Essai sur la philosophie des sciences*, publié en 1834, prouve une connaissance profonde des sciences morales, physiques et naturelles.

APELLES vivait en 332 avant Jésus-Christ. Son nom est le symbole de la peinture en Grèce.

ARAGO (François) astronome, né à Perpignan en 1786, mort à Paris en 1853. Un des noms les plus illustres du dix-neuvième siècle. Son caractère fut aussi honorable que ses connaissances étaient vastes et profondes.

ARCHIMÈDE, né à Syracuse, 287 ans, et mort 212 ans avant Jésus-Christ. Il a laissé, *de la Sphère et du Cylindre*, un *Traité des spirales*. Il a donné son nom à la vis sans fin. Le premier il constata cette loi physique, « qu'un corps plongé dans un liquide perd une partie de son poids égale à celui du volume du liquide qu'il déplace. »

ARRIGHETTI, mathématicen, né à Florence, mort en 1643.

BACON (Roger), né en Angleterre en 1244, mort en 1294. Philosophe et mathématicien, l'homme le plus savant de son siècle. Il inventa le télescope et découvrit la poudre, que les Chinois connaissaient depuis les temps fabuleux.

BALLIN, né à Paris en 1615, mort en 1678. Orfévre et graveur sur métaux du temps de Louis XIV.

BARREAU (F.), né à Toulouse en 1731, mort à Paris en 1814. Tourneur sur métaux. Il a inventé le tour en l'air et le tour à pointes.

BECKER, né à Coblentz en 1675, mort en 1745. Orfévre et graveur sur pierres fines.

BELLE (La), né à Florence en 1610, mort en 1664. Graveur à l'eau forte. Il grava une collection de cartes pour faciliter à Louis XIV l'étude de l'histoire et de la géographie.

BELL (Henri) construisit en 1811 un bateau à vapeur qu'il nomma la *Comète*.

BERGMANN, né à Upsal en 1737, mort en 1784. Chimiste suédois. La science doit à ses expériences l'acide carbonique, l'acide oxalique et l'hydrogène sulfuré.

BERNINI (J.-L.), né à Naples en 1598, mort en 1680. Peintre, sculpteur et architecte. Il construisit la colonnade circulaire et la coupole de Saint-Pierre de Rome.

BERNOUILLY (J.), né à Baden-Baden en 1654, mort en 1724. Astronome et mathématicien. C'est le premier savant qui ait indiqué les révolutions périodiques des planètes.

BERNWALD, né en 950, mort en 1025. Évêque, sculpteur, graveur, orfévre, mosaïste, enlumineur de missels.

BERTHOLLET, né à Chambéry en 1754, mort en 1822. Il fut un des créateurs de la chimie moderne.

BERTHOUD (F.), né en Suisse en 1727, mort à Londres en 1807. Horloger-mécanicien. Fit le premier les montres-marines, si précieuses pour la marine.

BODONI, né à Saluce le 16 février 1740, mort à

3

Parme en 1813. Il fut l'Elzévir de l'imprimerie royale de Parme.

BOERHAAVE, né à Leyde en 1667, mort en 1738. Médecin célèbre.

BORDA, né à Dax en 1733, mort à Paris en 1799. Capitaine de vaisseau, membre de l'Académie des sciences et de l'Institut. Son système des poids et mesures fut adopté par l'Assemblée nationale de 1789 : on lui doit les tables trigonométriques décimales, le cercle à réflexion et des recherches savantes sur la résistance des fluides.

BOULE, né à Paris en 1642, mort en 1732. Il a donné son nom aux meubles à incrustations métalliques.

BRÉGUET, né en Suisse en 1747, mort à Paris en 1820. Il fit en horlogerie des merveilles de goût, d'élégance et de précision.

BRÉMONTIER, né à Pau en 1762, mort à Paris en 1809. Inspecteur général des ponts et chaussées.

BRONGNIART, mort à Paris en 1804. Pharmacien de Louis XVI. Professeur de chimie au Jardin des Plantes de Paris.

BRUNEL, né à Hacqueville en 1768, mort à Londres en 1850. La construction du tunnel sous la Tamise l'a rendu célèbre. L'invention d'une poulie et d'un moulin à scie le fit créer baronnet, en 1841, par le gouvernement anglais. Il serait mort de faim à Paris.

Buffon, né à Montbard en 1707, mort à Paris en 1788. Naturaliste.

Bulland (J.), architecte, sculpteur florentin ; il travailla avec Philibert Delorme à la construction des Tuileries vers 1540. Il a construit la colonne astronomique de Catherine de Médicis engagée dans la Halle aux blés.

Callot (Jacques), né à Nancy en 1593, mort en 1635. Tout le monde connaît le *Massacre des Innocents*, les *Malheurs de la guerre*, les *Capitaines*, ses *Fantaisies*, les *Gueux*, les *Tentations de saint Antoine* ; ses œuvres complètes se composent de seize cents pièces.

Canova, né dans les États de Venise en 1747, mort en 1822. Sculpteur. Ses principaux ouvrages sont : l'*Amour et Psyché*, *Vénus et Adonis*, la *Madeleine repentie*, la *Princesse Borghèse sortant du bain demi-nue*, une statue de Napoléon, du roi Ferdinand de Naples, les bustes de Pie VII et de François II.

Cassini, né à Nice en 1625, mort en 1712. Il fut l'Arago de son époque. En 1660 il découvrit et mesura la rotation de Mars, Jupiter, Vénus, et de leurs satellites.

Caux (Salomon de), né en 1590, mort à Bicêtre en 1650. Le premier il donna, en 1615, une description fort détaillée d'un appareil mû par la vapeur intitulé : la *Raison des forces mouvantes*.

CAVENDISCH, né en Angleterre en 1735, mort en 1810. Il a découvert le gaz hydrogène et reconnu les éléments constitutifs de l'eau.

CANTON, né en Angleterre en 1410, mort en 1491. Il imprima le premier livre anglais à l'abbaye de Westminster en 1474.

CELLINI (Benvenuto), né à Florence en 1500, mort en 1570. Sculpteur, graveur et orfèvre. Appelé en France par François Ier et renvoyé par la duchesse d'Étampes.

CHAPPE (Claude), né à Drulon en 1763, mort à Paris en 1805. Il perfectionna, en 1792, le télégraphe inventé en 1663 par Amontons.

CHAPTAL, né à Nosaret en 1756, mort à Paris en 1832. Il débuta par la publication de ses *Éléments de chimie*. En 1804, il publia un *Traité de chimie appliquée aux arts*.

CIMABUE, né à Florence en 1240, mort en 1310. Il est le premier peintre du moyen âge.

CŒUR (Jacques), né à Bourges en 1400, mort à Chio en 1461. Il acquit dans le commerce une fortune colossale et passait pour le plus riche particulier de son époque. Il fut condamné au bannissement et dépouillé par une commission présidée par le comte de Chabannes.

COLBERT, né à Reims en 1619, mort à Paris en 1683. Un des plus grands ministres de la monarchie.

COLOMB (Christophe), né dans les États de Gênes en 1441, mort à Valladolid en 1506. L'Amérique fut découverte par lui le 12 octobre 1492.

CONTÉ, né à Séez en 1755, mort en 1805. Il suivit Napoléon en Égypte et fonda la fabrique de crayons qui porte son nom.

COOK, né à Mastoy en 1728, mort en 1779. Le plus célèbre navigateur anglais. Il a découvert la Nouvelle-Calédonie, et pénétra le premier dans les glaces du détroit de Behring. Assassiné, le 13 février, par les naturels des îles Sandwich.

COPERNIC, né en Prusse en 1473, mort en 1543. Médecin, philosophe et astronome.

COUCY (de), né à Reims, mort en 1311. Architecte. Il acheva la cathédrale de Reims, commencée par Hugues Libergier. C'est un des plus beaux monuments de l'art gothique du treizième siècle.

COUSIN, né à Paris en 1739, mort en 1800. Membre de l'Académie des sciences. Il a laissé des leçons de calcul différentiel et intégral très-estimées.

COUSTOU (Nicolas), né à Lyon en 1658, mort en 1733. C'est le premier sculpteur du règne de Louis XIV, sans contredit. Ses gracieux chefs-d'œuvre ornent le jardin des Tuileries, l'église Notre-Dame et le parc de Versailles.

CUVIER (Georges), né à Montbéliard en 1769, mort en 1832. Les *Leçons d'anatomie comparée* et son *Dis-*

cours sur les Révolutions du globe ont placé son nom parmi ceux des plus grands génies du monde.

DAGUERRE, né à Cormeilles en 1789, mort en 1840. Peintre et décorateur de théâtre, il eut pour collaborateurs de sa découverte M. Niepce et le soleil.

DALEMBERT, né à Paris en 1717, mort en 1783. Enfant naturel de madame de Tencin, et exposé par elle sous le porche d'une église, il fut recueilli et élevé par la femme d'un vitrier. Membre de l'Académie des Sciences à vingt-quatre ans, il publia, deux ans plus tard, son *Traité de la dynamique*, puis le *Traité des fluides*, puis les *Recherches sur différents points importants du système du monde;* le discours préliminaire de l'Encyclopédie, le plus beau monument littéraire et scientifique du dix-huitième siècle.

DARCET, né en Guyenne en 1725, mort à Paris en 1801. Ami et collaborateur de Montesquieu, il retrouva le secret de la fabrication de la porcelaine, et démontra la combustibilité du diamant.

DAUBENTON, né à Monthard en 1716, mort en 1799. Il fut l'ami et le collaborateur modeste de Buffon. Il est l'auteur de la partie anatomique de son *Histoire naturelle.*

DAVY (Humphry), né à Penzance en 1778, mort à Genève en 1829. Célèbre chimiste anglais. Il a inventé la lampe qui porte son nom : elle préserve les mineurs du feu grisou, en empêchant la combustion des gaz inflammables.

DELAMBRE, né à Amiens en 1749, mort à Paris en 1822. Astronome et polyglotte savant. Nous lui devons la base du système métrique. Il a écrit l'histoire de l'astronomie ancienne et moderne, et l'histoire de l'astronomie au dix-huitième siècle.

DELESSERT (Benjamin), né en Suisse. Banquier. Régent de la Banque de France.

DELORME (Philibert), né à Lyon en 1505, mort en 1577. Sous Henri II, il construisit la cour en fer à cheval du palais de Fontainebleau, dessina les plans des châteaux d'Anet et de Meudon, et construisit, sous Catherine de Médécis, le pavillon de l'Horloge et les deux ailes centrales du palais des Tuileries.

DESBROSSES (Jacques). L'époque de sa naissance et de sa mort est inconnue. Il a construit le palais du Luxembourg vers 1620, le portail de l'église Saint-Gervais, le château de Monceaux et l'aqueduc d'Arcueil.

DESCARTES, né à la Haye (Touraine), mort à Stockholm en 1650. Un des hommes les plus savants, un des plus grands philosophes du dix-septième siècle. Il était fils d'un conseiller au parlement de Rennes. Il a créé la géométrie analytique. Son *Discours sur la méthode* est la théorie du doute raisonné. On voit son tombeau dans l'église Saint-Germain-des-Prés, dans une chapelle latérale, à droite, en face du tombeau de Nicolas Boileau.

DIDOT (Firmin), né à Paris en 1764, mort en 1836. Il a inventé la stéréotypie.

DOMBASLE (Mathieu de), né à Nancy en 1778, mort en 1843. Il a perfectionné la charrue et lui a donné son nom. Il fonda l'Institut agricole de Roville.

DUCERCEAU (Androuet), né à Paris vers 1540, mort en exil. En 1578, sous Henri III, il commença le pont Neuf, qui ne fut terminé qu'en 1604, sous Henri IV, par Guillaume Lemarchand.

DULONG, né à Rouen en 1785, mort à Paris en 1838. La chimie et la physique lui doivent des découvertes qui ne sont pas sans importance.

DUMONT-DURVILLE, né à Condé-sur-Noireau en 1790, mort à la catastrophe du chemin de fer de Versailles (rive gauche), le 8 mai 1842. Naturaliste et navigateur célèbre. Il découvrit, dans l'archipel grec, la Vénus de Milo, un des plus précieux chefs-d'œuvre de la statuaire antique.

DUPÉRAC, né à Bordeaux en 1560, mort en 1601. Architecte, peintre et dessinateur du seizième siècle.

DURER (Albert), né à Nuremberg en 1470, mort en 1528. Peintre célèbre, chef de l'école allemande. Il inventa la gravure à l'eau-forte.

ÉLOI (Saint), né à Cardillac en 588, mort en 659. Habile orfèvre. On lui attribue le fauteuil en fer de Dagobert, que l'on conserve à la Bibliothèque de la rue de Richelieu.

ERAD, né à Strasbourg en 1752, mort à Paris en 1831. Fabricant de pianos.

ÉRICSON. Ingénieur américain. Les expériences de sa machine à air chaud n'ont pas encore, du moins que nous sachions, réalisé les espérances annoncées par la presse américaine et anglaise.

EULER (Léonard), né à Bâle en 1707, mort en 1783. Astronome savant, mathématicien spirituel. Il a laissé des *Lettres à une princesse d'Allemagne,* que les gens du monde peuvent lire avec plaisir.

ERWIN DE STEINBACH, né à Strasbourg en 1260, mort en 1318. Architecte. Il dessina les plans de Notre-Dame de Strasbourg. Il laissa, en mourant, les trois portes et les deux tours élevées jusqu'à la plate-forme.

FERMAT (de), né à Toulouse en 1600, mort en 1665. Conseiller au parlement de Toulouse; Pascal lui écrivait : « Je vous tiens pour le plus grand géomètre de toute l'Europe. »

FERRY (C.), né dans les Vosges en 1776, mort à Paris en 1845. Député sous la Convention; examinateur de l'École polytechnique, il collabora à la *Revue encyclopédique* et au *Dictionnaire de la conversation.*

FOURCROY, né à Paris en 1755, mort en 1809. Pro-

3.

fesseur de chimie au Jardin des Plantes, membre de l'Académie des sciences.

FRANKLIN, né à Boston en 1706, mort à Philadelphie en 1790. Apprenti coutelier, puis imprimeur, puis graveur. Il découvrit l'électricité et empala la foudre.

FRESNEL, né à Bernay en 1788, mort à Paris en 1827. On lui doit l'application aux phares de lentilles de grandes dimensions et le perfectionnement de la lampe d'Argant.

FULTON, né en Pensylvanie en 1767, mort à New-York en 1830. Venu à Paris en 1800, il lance, en 1803, deux bateaux à vapeur qui remontent la Seine. Le problème si longtemps cherché était enfin résolu. Il proposa son invention au gouvernement français : une commission de savants et d'ingénieurs fut officiellement chargée de l'examiner. Naturellement ces messieurs firent un rapport défavorable, et Fulton, rebuté, s'empressa de repasser en Amérique.

GABRIEL, né à Paris en 1667, mort en 1742, architecte. Il éleva la colonnade du Garde-Meuble, l'École militaire et l'hôtel de ville de Rennes.

GALILÉE, né à Pise en 1564, mort à Arcatri en 1642. Astronome, inventeur du télescope. Il commit et expia le crime impardonnable de mettre la science en opposition avec la sainte Bible.

GALVANI, né à Bologne en 1737, mort en 1798.

Une pomme tombée révèle à Newton les lois de la gravitation des corps : les tressaillements d'une grenouille en contact avec un fil électrique découvrirent le galvanisme.

GAMBEY, né en 1789, mort à Paris en 1847. Célèbre opticien. Il a inventé l'équatorial, le cathéomètre et l'héliostat.

GASSENDI, né à Digne en 1592, mort à Paris en 1656. Il professa le système d'Épicure et écrivit contre les méditations métaphysiques de Descartes.

GEOFFROY SAINT-HILAIRE, né à Étampes en 1772. Sa *Philosophie anatomique* et l'*Histoire des Mammifères* le placent à côté des Buffon, des Daubenton et des Cuvier.

GELLERT, né en Prusse en 1754, mort en 1796. Il est l'auteur d'un *Dictionnaire de physique*.

GHIBERTI, né à Florence en 1378, mort en 1455. Un des plus habiles orfèvres du moyen âge. Il a sculpté les portes en bronze du baptistère de Florence.

GIRARD (Philippe de), né en 1775, mort à Paris en 1847. Inventeur de la première machine à filer le lin.

GLUCK (Christophe), né en 1714, mort à Vienne en 1787. Musicien. Il inventa le trombone. Ses opéras sont : *Alceste, Armide, Orphée, Iphygénie en Tauride*. Il eut pour antagoniste Piccini.

GOBELIN (Gilles). Il fonda, sous le règne de François Ier, la fabrique de tapis qui porte encore son nom.

Goujon (Jean) né à Paris et mort en 1572. Il a laissé les bas-reliefs de la fontaine des Innocents, les statues de la cour du Louvre, les deux cariatides de la salle du Musée et la statue de François Ier couchée sur son tombeau à Saint-Denis. Il fut assassiné, à la Saint-Barthélemy, le 22 août 1572.

Graindorge, né à Caen en 1516, mort en 1576. Médecin naturaliste.

Guéricke (Othon de), né à Magdebourg en 1602, mort en 1686. Inventeur de la machine pneumatique.

Guttemberg, né à Mayence en 1400, mort en 1468. Il a découvert l'imprimerie et imprima la première Bible latine, en 1450, avec des caractères mobiles en bois.

Halley, né à Londres en 1656, mort en 1742. A dix-neuf ans, il détermina les aphélies et les excentricités des planètes.

Hartmann, né en 1764, mort à Strasbourg en 1827. Un des plus savants professeurs de l'Allemagne.

Harvey, né Folkstone en 1578, mort à Londres en 1657. Médecin de Jacques Ier et Charles Ier, il découvrit la circulation du sang.

Haussmann, né à Colmar en 1749, mort en 1824. Chimiste et manufacturier.

Herschell, né en Hanovre en 1738, mort à Londres en 1822. Astronome célèbre. Il publia ses découvertes dans un ouvrage imprimé à Londres, intitulé « *Philosophical transactions.* »

JACQUART, né à Lyon en 1752, mort en 1834. Il a laissé son nom au métier à tisser la soie dont il est l'inventeur.

JANVIER, né à Saint-Claude en 1751, mort à Paris en 1835. Horloger célèbre. Il inventa une horloge planétaire qui suivait tous les mouvements des corps célestes. Elle est déposée au musée du Louvre. Il est mort à l'hôpital.

JENNER, né à Berkeley en 1749, mort à Londres en 1823. Un médecin français, Rabaud Pommier, communiqua ses observations sur la vaccine à un Irlandais, qui les transmit à Jenner, lequel Jenner eut la gloire de découvrir la vaccine.

JUSSIEU (De), né en 1686, mort à Paris en 1758. Auteur d'une nouvelle classification des familles des plantes.

KELLER. Les frères Keller ont fondu toutes les belles statues en bronze du château de Versailles.

KÉPLER, né à Weil en 1571, mort à Ratisbonne en 1630. Astronome célèbre. La loi selon laquelle les étoiles se meuvent autour du soleil dans un ordre elliptique est connue dans le monde savant sous le nom de *Règle de Képler.*

KIRCHERBERGER, né à Berne en 1739, mort en 1800. Agronome, ami et correspondant de J.-J. Rousseau.

LABROSSE (Guy de), né à Rouen. Médecin de Louis XIII. Il fonda, en 1626, le Jardin des Plantes.

LACAILLE (Nicolas), né à Rumigny en 1713, mort en 1762. Astronome.

LACÉPÈDE, né à Agen en 1756, mort à Paris en 1825. Chargé par Buffon de continuer la publication de son *Histoire naturelle*, il publia l'*Histoire particulière et générale des Quadrupèdes ovipares*, l'*Histoire naturelle des Poissons*, en 1798, et l'*Histoire des Cétacés* en 1814.

LAGRANGE, né à Turin en 1736, mort à Paris en 1813. Mathématicien, astronome. Son grand ouvrage sur la *Mécanique analytique* réduit à de simples formules toutes les grandes questions sur les mouvements et l'équilibre des corps et des fluides.

LAPLACE, né à Caen en 1749, mort à Paris en 1817. Le premier des astronomes français. Ses ouvrages sont: *Exposition du monde*, son *Traité de mécanique céleste*, *Traité des probabilités*, *Traité du mouvement des planètes*.

LAVOISIER, né à Paris en 1743, mort en 1794. Ancien fermier général. Il fut le créateur de la chimie industrielle en France.

LEBLANC (François), né à Grenoble en 1643, mort à Versailles en 1698. Il a laissé un *Traité des monnaies de France*.

LEBRUN (Charles), mort à Versailles en 1690. Premier peintre de Louis XIV. Ses chefs-d'œuvre sont au Louvre.

Liebnitz, né à Leipsick en 1646, mort en 1716. Un des premiers mathématiciens du dix-septième siècle. Il disputa à Newton la découverte du calcul différentiel.

Lemercier (J.), né à Pontoise en 1590, mort à Paris en 1660. Architecte de Louis XIV. Il a élevé la Sorbonne, la façade du Palais-Royal, l'église de l'Oratoire du Roule et l'église Saint-Roch.

Lenoir (Richard), né à Épinay en 1765, mort à Paris en 1838. Un des premiers fondateurs en France des filatures et des manufactures de coton.

Lenôtre, né à Paris en 1613, mort à Paris en 1700. Jardinier de Louis XIV. Il a dessiné les jardins des Tuileries, de Versailles, les deux Trianon, Saint-Cloud, Chantilly, Sceaux, Meudon et la belle terrasse de Saint-Germain.

Léonard de Vinci, né à Florence en 1452, mort à Fontainebleau en 1519. Il est le chef de l'école Florentine. On voit, au musée du Louvre, ses principaux chefs-d'œuvre.

Lerebours, né à Mortain en 1762, mort à Paris en 1840. Opticien, fabricant d'instruments d'optique, de physique et de mathématiques de la marine et du bureau des longitudes.

Lescot (Pierre), né à Paris en 1510, mort en 1578. Architecte sous Henri II. Il éleva la fontaine des Innocents. Les naïades sont de Jean Goujon. L'achèvement du Louvre vient de faire disparaître la rue qui portait son nom.

LESUEUR, né à Paris en 1617, mort en 1655. Le plus grand peintre du règne de Louis XIV. On admire, au Louvre, la *Vie de saint Bruno* en vingt-deux grands tableaux.

LEVAU, né en 1612, mort à Paris en 1670. Architecte de Louis XIII. On éleva, sur ses dessins, les pavillons de Flore et de Marsan, qui forment les ailes du château des Tuileries.

LINNÉE, né à Rœshult en 1707, mort en 1778. Naturaliste suédois. Il est auteur de la classification des plantes.

LUSSAC (Gay-), mort à Paris. Professeur de chimie. La physique et la chimie lui doivent une foule de découvertes toutes plus ou moins ingénieuses.

MANSARD, né à Paris en 1517, mort en 1604. Architecte de Louis XIV. Il dessina les galeries du Palais-Royal, la place des Victoires, et éleva le dôme des Invalides.

METIERS. Astronome hollandais. Inventeur des lunettes d'approche.

METZEAU, né à Douai. Architecte de Louis XIII. Il construisit la fameuse digue de la Rochelle en 1628.

MICHEL-ANGE, né en 1474, mort à Rome en 1563. A la fois poëte, peintre, sculpteur et architecte. Il peignit la chapelle Sixtine sous Jules II.

Monge, né à Beaune en 1746, mort à Paris en 1818. Chimiste. Un des fondateurs de l'École polytechnique.

Montereau (P. de), mort en 1266. La Sainte-Chapelle et la chapelle de Vincennes ont été élevées sur ses dessins.

Montgolfier, mort à Paris en 1810. Il a découvert les aérostats et inventé les béliers hydrauliques.

Montyon, mort à Paris en 1820. Littérateur et publiciste distingué. Il a fondé un prix de vertu.

Morveau (Guyton de), né à Dijon en 1737, mort à Paris en 1816. Professeur de chimie. Il créa, avec Lavoisier, la première nomenclature chimique.

Mozart (Wolfgang), né à Saltzbourg en 1756, mort à Vienne en 1792. Musicien. Il est le chef de l'école allemande.

Nanteuil, né à Reims en 1630, mort à Paris en 1678. Très-habile graveur de portraits.

Neufchateau (François de), né en 1750, mort à Paris en 1828. Il fut ministre de l'intérieur.

Newcomen. En 1705, Newcomen et Cowley, l'un vitrier, l'autre quincailler à Darmouth, s'associèrent pour la construction en grand d'une machine à vapeur, d'après les indications de Papin, exilé à Londres.

Newton, né à Wolstrop en 1641, mort en 1727. Mathématicien anglais. Il a découvert la gravitation des corps. Ses deux grands ouvrages sont : les *Prin cipes* et l'*Optique*. Voltaire disait de Newton : « C'est le plus grand génie qui ait jamais existé. »

OBERKAMPF, né à Weissenbach en 1738, mort à Jouy en 1815. L'industrie des toiles peintes en France ne date guère que d'Oberkampf. Il a fondé, à Jouy, la première manufacture.

OUVRARD (René), né à Chinon en 1624, mort en 1694. Chanoine. Il a écrit l'*Histoire de la musique ancienne et moderne*.

OWERBEECH (Frédéric). Peintre et antiquaire hollandais, mort vers la fin du dix-huitième siècle.

PALISSY (Bernard de), né à la Chapelle-Biron en 1510, mort à la Bastille en 1590. Potier-émailleur. On peut voir, au musée du Louvre, la collection de ses poteries les plus remarquables.

PAPIN (Denis), né à Blois en 1657, mort en 1709. « Sa belle, sa grande solution du problème de la vapeur, dit M. Arago, consiste dans la substitution d'une atmosphère de vapeur d'air à l'atmosphère ordinaire. »

PARÉ (Ambroise), né à Laval en 1511, mort à Paris en 1590. Médecin des rois Henri II, François II, Charles IX. Sa ville natale lui a élevé, en 1840, une statue en bronze avec ces paroles : « Je le pansai, Dieu le guarit. »

PARMENTIER, né à Montdidier en 1737, mort à Paris en 1791. Il a importé la pomme de terre en France.

PASCAL (Blaise), né à Clermont en 1623, mort à

Port-Royal-des-Champs en 1666. Mathématicien, philosophe et littérateur de premier ordre. A l'âge de seize
ans il publia son *Traité des sections coniques*. Il a
inventé la brouette et le haquet.

PEREIRE (J.), né en Espagne en 1716, mort en 1780.
Avant l'abbé de l'Épée, il eut la gloire de découvrir
une méthode d'enseignement pour les sourds-muets ;
mais il eut le tort d'en faire un mystère.

PÉRIER (Jacques-Constant), né en 1742, mort à
Paris en 1818. Mécanicien. Il a construit la pompe
à feu de Chaillot, qui sert à la distribution des eaux
dans Paris.

PERRAULT (Claude), né à Paris en 1613, mort en
1688. Tout le monde connaît l'épigramme de Boileau :

> Oui, j'ai dit dans mes vers qu'un célèbre assassin,
> Laissant de Galien la science suspecte,
> De méchant médecin devint bon architecte ;
> Mais de parler de vous je n'eus jamais dessein,
> Perrault, ma plume est trop correcte ;
> Vous fûtes, je l'avoue, ignorant médecin,
> Mais jamais un bon architecte.

Et Perrault éleva l'Observatoire de Paris et la colonnade du Louvre.

PERRONNET, né à Surêne en 1708, mort à Paris en
1794. Il a fondé à Paris l'école des Ponts-et-Chaussées.
Les ponts de Neuilly et de la Concorde furent construits
par lui.

PHIDIAS, né à Athènes. Le plus célèbre sculpteur de la Grèce. Le Jupiter Olympien était regardé comme une des sept merveilles du monde.

PILON (Germain), né au Maine en 1515, mort à Paris en 1590. Célèbre sculpteur de la Renaissance.

PINAIGRIER (Robert), né à Tours en 1487, mort à Paris en 1543. Peintre sur verre.

PINSON, né à Étampes en 1746, mort à Paris en 1828. Modeleur.

PIRONÈSE, ne à Venise en 1707, mort à Rome en 1778. Architecte, peintre et graveur.

PONCE (ditle Florentin). Il vint à Paris vers l'an 1500. Il fut le sculpteur de Louis XII.

PISE (Nicolas de), né à Florence en 1329, mort en 1389. Sculpteur, peintre et architecte.

PLINE l'Ancien, mort soixante-dix ans après J.-C. Son *Histoire naturelle* est un travail immense et forme l'encyclopédie complète des connaissances de l'antiquité romaine.

POUSSIN (Nicolas), né aux Andelys en 1594, mort à Rome en 1665. Chef de l'école française. On cite, parmi ses chefs-d'œuvre : la *Femme adultère* ; *Moïse sauvé des eaux* ; *Rebecca* ; le *Ravissement de saint Paul* et les *Sept Sacrements*.

PRADIER, né à Genève en 1790, mort à Paris en 1852. Le premier des sculpteurs modernes. Ses principaux chefs-d'œuvre sont : *Vénus à la conque*, *Vénus à la coquille*, les *Trois Grâces*, le *Centaure* et la *Bacchante*, *Psyché*, *Phryné*, *Sapho*, les *Statues* de la fontaine Molière de la rue Richelieu, etc.

PRIESTLEY, né dans le comté d'York en 1733, mort en 1804. Chimiste et naturaliste célèbre. Il fut un des premiers savants qui s'occupèrent de l'électricité. Ses œuvres complètes ne forment pas moins de soixante-dix volumes.

PRONY (baron de), né en 1755, mort en 1839. Mathématicien. Il s'occupa plus spécialement de la science hydraulique.

PUGET (Pierre), né à Marseille en 1623, mort à Paris en 1694. Sculpteur, peintre et architecte du plus grand mérite. Les *groupes de Milon de Crotone* et *Percée délivrant Andromaque*, placés par Louis XIV à l'entrée du parc de Versailles, sont dus au ciseau de Pierre Puget.

PYTHAGORE, né à Samos environ six cents ans avant J. C. Astronome, géomètre et mathématicien. Il a découvert le carré de l'hypothénuse et laissé son nom à la table de multiplication.

RÉAUMUR, né à la Rochelle en 1683, mort en 1757. Physicien.

RICARDO, né à Londres en 1772, mort en 1823. Économiste célèbre.

RICHELIEU (Armand de), né à Paris en 1585, mort

en 1642. Louis XIII régna sous le gouvernement de Richelieu. Il est le fondateur de l'Académie française et fit construire le Palais-Royal.

RIQUET, né à Béziers en 1604, mort à Toulouse en 1680. Il créa le canal du Languedoc et le canal du Midi.

RUBENS, né à Anvers en 1577, mort en 1640. Il est le chef de l'école flamande.

RUMFORD, né en Amérique en 1753, mort à Auteuil en 1814. Physicien. Il a inventé un calorimètre et un thermoscope.

SARRASIN, né à Noyon en 1553, mort à Paris en 1660. Sculpteur. Son chef-d'œuvre est le mausolée de Henri de Bourbon, prince de Condé.

SAUSSURE (de), né en 1749, mort en 1790. Agronome.

SAVART (F.), né à Mézières en 1791, mort à Paris en 1841. Il a inventé différents instruments de physique.

SAY (Jean-Baptiste), né à Lyon en 1767, mort à Paris en 1832. Économiste.

SCHEELE, né en Norwége en 1742, mort en 1786. Un des créateurs de la chimie moderne.

SENEFELDER, né à Pragues en 1771, mort à Munich en 1834. Il est l'inventeur de la lithographie en 1819.

SERLIO, né à Boulogne en 1518, mort en 1552. Architecte.

SICARD, né à Toulouse en 1742, mort à Bordeaux en 1822. Il a perfectionné l'enseignement des sourds-muets.

SMITH (Adam), né à Édimbourg en 1723, mort en 1790. Économiste. Il publia, en 1759, un ouvrage intitulé : *Recherches sur la nature et les causes de la richesse des nations.*

SOUFFLOT, né à Auxerre en 1754, mort à Paris en 1780. Architecte du Panthéon.

STAHL, né à Anspach en 1660, mort à Hall, Prusse, en 1734. Médecin.

STEPHENSON, né en Angleterre en 1781, mort en 1848. Ingénieur des chemins de fer.

STRADIVARIUS, né en 1670, mort en 1728. Luthier.

SUGER, né à Tours en 1082, mort à Paris en 1152. Abbé de Saint-Denis. Gouverna la France pendant la croisade de Louis VII.

SULLY, né à Rosny en 1560, mort à Paris en 1641. Un des plus grands administrateurs que nous ayons eus. « Pâturage et labourage sont les deux mamelles de l'État » était son axiome favori. Il a laissé de curieux Mémoires.

TERNAUX, né à Sedan en 1763, mort à Saint-Ouen en 1833. Il eut la pensée d'acclimater en France les chèvres du Tibet. Il donna à la fabrication des châles français des développements considérables.

THORINI, né à Genève en 1489, mort en 1516. Il

est l'inventeur de la méthode de l'enseignement mutuel.

THOUIN (A.), né en 1747, mort à Paris en 1828. On lui doit l'acclimatation de plusieurs plantes exotiques.

TINTORET (le), né à Venise en 1512, mort en 1591. Le Musée du Louvre possède plusieurs toiles du Tintoret, entre autres *Sainte Thérèse ressuscitant le fils d'un préfet de Rome, Saint Marc délivrant un esclave, Suzanne au bain, l'Apothéose de saint Roch.*

TORRICELLI, né en 1668, mort à Florence en 1647. Physicien.

TOURNEFORT, né à Aix en 1656, mort à Paris en 1708. Botaniste. Son principal ouvrage est son *Histoire des plantes des environs de Paris* et ses *Institutions botaniques.*

TURGOT, né en 1727, mort en 1781. Contrôleur général des finances. Il fit construire les égouts de Paris et la fontaine de Grenelle. Louis XVI disait : « Il n'y a en France que Turgot et moi qui veuillons le bonheur du peuple. »

VAILLANT, né en 1669, mort en 1722. Botaniste, professeur au Jardin des Plantes.

VAN DYCK, né à Anvers en 1599, mort en 1641. Un des chefs de l'école allemande. Tout le monde connaît son beau portrait de Charles Ier. Il est enterré dans l'église de Saint-Paul à Londres.

VAUBAN, né en 1633, mort en 1707. Il changea complétement l'art des fortifications en substituant aux hautes murailles et aux tours massives les fossés à zig-zags, à angles saillants et rentrants.

VASARI, né à Arezzo en 1512, mort à Florence en 1574. Peintre italien, élève de Michel-Ange.

VAUCANSON, né à Grenoble en 1709, mort en 1782. Mécanicien célèbre par ses automates. On voit au Conservatoire des Arts et Métiers plusieurs de ses ouvrages.

VAUQUELIN, né dans le Calvados en 1763, mort à Paris en 1830. Chimiste, pharmacien, puis inspecteur des mines et professeur à l'École de médecine. Il a découvert le chrome.

VIÈTE, né en 1540, mort en 1603. Inventeur de l'algèbre.

VITRUVE. Architecte romain. Vivait du temps d'Auguste.

VOLTA, né à Come en 1745, mort à Paris en 1826. Physicien. Il a inventé la pile électrique à laquelle il a donné son nom.

WATT (James), né à Glascow en 1736, mort en 1819. Watt inventa successivement le condenseur, la pompe à air, la détente, la machine à double effet, le parallélogramme articulé.

4

PROTECTION DES DESSINS ET INVENTIONS.

Instructions relatives à l'obtention des certificats de propriété.

« La commission impériale a voulu, autant que possible, que toutes les créations du génie humain trouvassent place à l'Exposition universelle, et qu'elles pussent s'y produire sans danger pour les intérêts de leurs auteurs ou de leurs possesseurs; c'est dans ce but qu'ont été rédigés les articles 53 et suivants du règlement général, instituant, en faveur des inventeurs, des certificats destinés à servir de brevets provisoires et gratuits.

« Mais, bien qu'approuvées par un décret, on a craint que de simples dispositions réglementaires, destinées à étendre une mesure législative, fussent insuffisantes aux yeux des tribunaux pour assurer tous les droits qu'il s'agissait de protéger. La loi du 8 juillet 1844 porte en effet (article 15) : « La durée des brevets ne « pourra être prolongée que par une loi. »

« On a donc dû ajourner la prise en considération des demandes de certificats adressées à la commission impériale jusqu'à ce que le pouvoir législatif eût sanctionné les promesses du règlement. C'est ce qu'il vient de faire par la loi du 2 mai 1855.

« Cette loi, qui répond aux désirs exprimés par un grand nombre de comités et d'exposants, étend encore la faveur du règlement, en faisant remonter l'efficacité du certificat *au jour de l'admission par le comité local.*

« Ainsi les effets du certificat seront en tout, sauf la durée, assimilés à ceux du brevet d'invention, dont ce certificat aura la validité.

Pièces à produire.

« 1° Une demande rédigée en français et dans la forme prescrite par l'article 5 de la loi du 8 juillet 1844, pour les demandes de brevets;

« 2° Une description, également en français, de l'objet ou des objets à protéger ;

« 3° Un plan ou dessin desdits objets, s'il est nécessaire, pour l'intelligence de la description ;

« 4° La lettre d'admission des objets par le comité local, ou un certificat du président du comité constatant la date de cette admission ;

« 5° Un bordereau des pièces déposées, qui toutes devront porter la signature du demandeur.

« Quand le postulant sera autre que l'inventeur, il devra justifier d'une cession régulière à lui faite; s'il n'est que mandataire, il devra être muni d'une procuration telle qu'elle est exigée pour la prise des brevets. — Toutes ces pièces resteront annexées à la demande.

« Les dessins ou calques seront tracés à l'encre et d'après une échelle métrique. — Pour les dessins de fabrique et pour certains produits, tels que papiers peints, tissus imprimés, etc., il suffira d'un échantillon du produit fabriqué, pourvu qu'il soit de nature à se placer dans un portefeuille, et qu'il n'excède pas les dimensions de 1 mètre sur 60 centimètres. Pour les autres objets, le dessin devra être un *fac-simile* sur une échelle rentrant dans ces proportions.

« Les certificats dont il s'agit, ne pouvant s'appliquer qu'à des articles *effectivement exposés*, ne seront délivrés qu'après constatation préalablement faite de la présence de ces articles dans les bâtiments de l'Exposition.

« Les certificats seront délivrés au Palais de l'Industrie, par le commissaire de la statistique et du contentieux.

« *Le secrétaire général,*

« ARLÈS-DUFOUR.

« Paris, le 7 mai 1855. »

RÉCOMPENSES.

—

RAPPORT A L'EMPEREUR.

« Sire,

« La commission impériale de l'Exposition universelle, aux termes de l'article 76 du règlement général
approuvé par décret du 6 avril 1854, est chargée de
soumettre à Votre Majesté un décret déterminant la
nature des récompenses à décerner à la suite de l'Exposition et les règles générales à prendre pour base de
ces récompenses.

« Ce décret, que la commission impériale, par l'organe de son président, soumet à Votre Majesté, a été
conçu dans l'esprit le plus large et le plus libéral.

« En ce qui concerne l'agriculture et l'industrie,
deux systèmes se trouvaient en présence :

« 1° Le système suivi à Londres en 1851, qui, tout
en semblant maintenir entre les exposants une égalité
qui n'existe pas dans leurs mérites respectifs, les clas-
sait cependant en plusieurs catégories : la première,
obtenant de grandes médailles du conseil; la seconde,
des médailles de prix; la troisième, enfin, des mentions honorables.

4.

« 2° Le système constamment en usage en France depuis l'origine des Expositions nationales, qui admet plusieurs ordres de récompenses, les décerne suivant le mérite constaté, les services rendus et les progrès accomplis, et appelle à les recevoir les contre-maîtres et les ouvriers aussi bien que les chefs de fabrique. Il donne à l'Exposition son véritable caractère, celui d'un concours universel.

« C'est ce second système que la commission impériale a adopté en le complétant.

« Pour les beaux-arts, nous avons suivi, en l'élargissant, le mode de récompenses depuis longtemps en vigueur. La commission impériale a introduit dans le projet de décret quatre ordres de récompenses, dont trois médailles d'or; elle a institué, en outre, de grandes médailles d'honneur dont le nombre sera fixé par le président de la commission impériale, sur la proposition des présidents des trois classes des beaux arts, après discussion en assemblée générale des jurés de ces classes.

« La commission impériale n'a pas déterminé le nombre des médailles ordinaires, ce qui eût été préjuger le mérite des œuvres exposées; mais elle s'est efforcée de pourvoir à tous les besoins, et de donner aux récompenses une valeur en rapport avec la solennité et l'universalité du concours en élevant à cent cinquante mille francs la somme à répartir sous forme de médailles entre les lauréats de l'Exposition des beaux-arts.

« Une disposition particulière et toute nouvelle nous permettra de signaler à Votre Majesté les exposants qui mériteront des marques spéciales de gratitude publique pour des services hors ligne rendus à la civilisation, à l'humanité, aux sciences et aux arts, et ceux qui, en raison de sacrifices considérables faits dans un but d'utilité générale, nous paraîtront avoir droit à des encouragements d'une autre nature.

« J'ai l'honneur de présenter le décret ci-joint à la signature de Votre Majesté.

« *Le président de la commission impériale,*

« NAPOLÉON BONAPARTE. »

DÉCRET.

Art. 1er. Les récompenses à décerner par les vingt-sept premières classes du jury international sont les suivantes :

1° La médaille d'or ;

2° La médaille d'argent ;

3° La médaille de bronze ;

4° La mention honorable.

Art. 2. La médaille d'or ne pourra être décernée pour les vingt-sept premières classes que par le conseil des présidents et vice-présidents, sur la proposition des jurys de classe, approuvée par le groupe auquel chaque classe appartient.

La médaille d'or ne pourra être proposée et décernée, dans les vingt-sept premières classes, que pour des collections très-complètes adressées par des États étrangers ou par des villes ou centres de grande production, et offrant une haute utilité au point de vue de l'instruction, ou pour des produits exposés par des industriels et qui se recommanderont par une perfection exceptionnelle due à l'art, au goût, à la science ou au travail, ou par des découvertes ou inventions très-importantes arrivées à l'état de grande exploitation industrielle, ou à l'accroissement très-considérable d'utilité d'un produit déjà connu et rendu accessible, par la réduction de son prix, à une consommation plus générale.

Art. 3. La médaille d'argent pourra être décernée par chacun des jurys des sept premiers groupes, sur la proposition des jurys des classes dont ils sont formés, pour la supériorité du goût, de la forme ou du travail, ou pour des collections intéressantes au point de vue de l'instruction, ou pour des progrès importants et constatés introduits dans la fabrication, soit par voie d'invention ou autrement, et ayant pour conséquence un usage meilleur, plus agréable, plus utile ou plus durable, ou une diminution du prix des objets de grande consommation.

Art. 4. La médaille de bronze pourra être décernée par chacun des jurys des sept premiers groupes, sur la proposition des jurys des classes dont ils sont formés, pour la bonté du travail, ou pour des qualités de forme ou de goût, ou pour des améliorations réelles obtenues, soit dans les moyens de production, soit dans l'utilité plus grande des produits, soit dans l'abaissement de leur prix.

Art. 5. La mention honorable pourra être décernée par chacun des jurys des sept premiers groupes, sur la proposition des jurys des classes dont ils sont formés, aux exposants des produits qui se seront distingués par l'un des mérites énoncés plus haut, lorsque la nouveauté de l'invention ou le peu d'importance de la production ne donnera pas lieu au vote de la médaille de bronze.

Art. 6. Les groupes ne pourront décerner une récompense qui ne serait pas proposée par le jury de la classe à laquelle l'exposant appartient.

Art. 7. Le jury devra prendre en considération, pour les récompenses à distribuer, la circonstance de l'abaissement du prix des produits exposés toutes les fois que cette réduction des prix sera sincère et paraîtra devoir être permanente.

Art. 8. Les contre-maîtres et les ouvriers qui ont été signalés pour services rendus à l'industrie qu'ils exercent, ou par leur participation à la production dès objets exposés et jugés dignes d'une récompense, pourront recevoir des jurys des sept premiers groupes, sur la proposition des jurys des vingt-sept premières classes, l'une des distinctions énoncées en l'article 1er.

Art. 9. L'application des règles, qui précèdent est laissée à l'appréciation du jury international et à l'interprétation du conseil des présidents et vice-présidents.

En cas de doute, il pourra être appelé, mais par les membres du jury seulement, de la décision des groupes au conseil des présidents et vice-présidents, qui prononcera en dernier ressort.

Art. 10. Indépendamment des récompenses à décerner par le jury, nous nous réservons, sur la recommandation du conseil des présidents et vice-présidents des vingt-sept premières classes, d'accorder des marques spéciales de gratitude publique aux exposants qui nous seront signalés pour des services hors ligne rendus à la civilisation, à l'humanité, aux sciences ou aux arts, ou des encouragements d'une autre nature, à raison des sacrifices considérables dans un but d'utilité générale, et eu égard à la position des personnes ainsi recommandées.

RENSEIGNEMENTS.

La statue équestre de Napoléon III, qu'on a inaugurée le 15 mai devant la porte du Palais de l'Industrie faisant face au pavillon de Flore des Tuileries, est en bronze et de grandeur naturelle.

L'Empereur porte le costume de lieutenant général, sa main gauche tient les rênes, il salue de la droite. La figure est d'une grande ressemblance. La statue est de Jean Debay, fondue par Gaillaud.

———

Les employés de la poste viennent de prendre possession du joli chalet qu'on leur a construit au rond-point méridional de l'allée d'Antin.

Outre les bureaux de poste, il y en a un autre pour la télégraphie électrique. Si bien que, de ce bureau, MM. les exposants pourront correspondre instantanément avec tous les pays d'Europe qui sont en communication électrique avec Paris.

———

Les eaux du jardin des Tuileries, de la place de la Concorde et des Champs-Élysées ne cesseront pas de jouer pendant toute la durée de l'Exposition.

———

Les grandes eaux jouent tous les quinze jours à Versailles à partir du 27 mai. Le Musée est ouvert tous les jours, le lundi excepté.

Les galeries du Musée des Beaux-Arts, y compris l'hémicycle, peint par M. Paul Delaroche, et la copié du *Jugement dernier* de Michel-Ange, par Sigalon, sont ouvertes au public les dimanche, lundi et jeudi, de dix heures du matin à quatre heures du soir.

Le tarif des droits d'entrée a été fixé ainsi qu'il suit pour chaque exposition de l'industrie et des beaux-arts :

Le dimanche, 20 centimes.

Les lundi, mardi, mercredi, jeudi, samedi, 1 franc.

Le vendredi, 5 francs.

Pendant tout le mois de mai, le prix d'entrée a été de 5 francs.

Des billets de saison, dont le prix est fixé à 50 fr. pour chaque exposition de l'industrie et des beaux-arts, donnent droit à l'entrée permanente, et à une entrée le jour de l'inauguration.

PARIS. — TYP. SIMON RAÇON ET C°, RUE D'ERFURTH, 1.

RÉVUE

DE

L'EXPOSITION UNIVERSELLE

SOMMAIRE.

BEAUX-ARTS FRANÇAIS

PEINTURE.

I

Non omnis moriar.

Sorti de la terre, l'homme ne veut pas y rentrer sans laisser à la postérité un livre, un souvenir, une

5

date, un nom, un portrait, une statue, un temple ou une pyramide.

Je ne mourrai pas tout entier...

Cette horreur du néant, de l'oubli, de la mort, est de tous les siècles, de tous les pays, de tous les âges : c'est une des aspirations les plus ardentes, une des passions les plus vives de l'humanité.

Dans l'antiquité, l'art devait être, et il fut une religion, un culte, un symbole : il eut ses secrets, ses mystères, ses initiés, ses mœurs et son langage particulier. L'artiste était le grand prêtre qui seul pouvait transmettre le présent à l'avenir, et ouvrir aux puissants les portes de l'immortalité. L'artiste taillait dans le marbre et le granit, coulait dans le bronze et l'or, les images des héros, des demi-dieux et des dieux... ou gravait leurs belles actions, leurs miracles, sur les tombeaux ou les murailles des temples.

Chez nous, au moyen âge, l'art n'est plus qu'une flatterie plus ou moins ingénieuse qui s'essaye timidement sur l'enluminure des missels, sur les vitraux peints des églises, dans les devises et les allégories sculptées sur les bahuts de chêne et les écussons armoriés, dans les fabliaux, les contes, les chroniques et les romans de chevalerie.

A force d'humilité, l'artiste réussit d'abord à se faire pardonner l'obscurité de sa naissance, puis il prit le pas sur la noblesse, il eût ses grandes entrées au

Louvre, à Fontainebleau, à l'Escurial, à Windsor et à Madrid.

La jeune et blonde Marguerite d'Écosse, femme du Dauphin, qui fut plus tard le roi Louis XI, dépose un baiser d'amour sur les lèvres d'Alain Chartier endormi;

Michel-Ange et Raphaël sont choyés, fêtés, comblés d'honneurs et de richesses par Jules II, Paul IV et Laurent de Médicis;

Léonard de Vinci et le Primatice sont reçus à Fontainebleau et traités comme des souverains par François Ier;

Charles-Quint relève le pinceau du Titien, en le remerciant de lui donner l'immortalité;

Clément Marot est un peu moins qu'un prince, un peu plus que l'ami de Diane de Poitiers et de la reine de Navarre;

Le Tasse, flatté par Charles IX, est aimé par une princesse de la maison d'Este...

L'art et la royauté sont deux puissances qui ne peuvent vivre indépendantes, qui n'existent qu'à la condition de se compléter l'une par l'autre.

Qu'est-ce que la gloire, la puissance et la beauté sans la consécration de la poésie et des beaux-arts?

Mais aussi que deviennent les beaux-arts sans la royauté? — Versailles sans Louis XIV.

Pour vivre, l'art devra mettre sa palette ou son en-

crier au service de l'industrie. Depuis que la royauté
est morte en France et que les grands seigneurs sont
allés, Dieu sait où, quel artiste n'a pas eu à subir les
exigences de son tailleur, les refus de son bottier ou
es dédains de son épicier? C'est triste, mais c'est vrai.

II

ÉCOLE FRANÇAISE.

Pour apprécier convenablement l'exposition qui
vient de s'ouvrir, pour juger la peinture au dix-neuvième siècle, il nous paraît nécessaire, indispensable
même de remonter à son point de départ, de suivre
son progrès et de constater ses défaillances.

Inventée en Flandre par Van Eyck, en 1370, la
peinture, qui, dès le quinzième siècle, comptait, en
Allemagne, Metzis, Rubens, Van Dyck, Ruysdaël, Rem-
brandt, Philippe de Champaigne et David Téniers;

En Italie, Michel-Ange, Raphaël, Titien, Léonard
de Vinci, le Tintoret, le Primatice, Salvator Rosa,
Giorgion et le Corrége;

En Espagne, Murillo, Ribeira, Velasquez et Zurbaran, n'était encore connue en France que par le JUGE-
MENT DERNIER de Jean Cousin, et quelques portraits
curieux de naïveté, de vérité et d'expression de Janet,
du Moustier et de Lagneau.

C'est l'enfance de l'art : l'école française ne commence à vrai dire qu'au milieu du dix-septième siècle, à Simon Vouet.

Louis XIV daigna abaisser un regard protecteur sur les artistes, non par une intelligence élevée de l'influence civilisatrice des beaux-arts, mais par le sentiment personnel du maître qui veut éblouir ses adorateurs ou ses maîtresses.

L'art porta perruque et talons rouges : les poëtes, les peintres et les sculpteurs furent des machinistes chargés de la mise en scène de cette grande pièce héroï-comique qui se joua pendant cinquante ans dans le palais de Versailles.

L'art se préoccupa moins de l'observation de l'étude de la nature que de donner à ses personnages une certaine ampleur théâtrale.

On voulut bien consentir à imiter la nature, mais de loin, et à la condition de la draper, de l'arranger, de l'orner, sous prétexte d'ampleur et de majesté.

Aucun peintre n'osa reproduire les physionomies et les costumes de son temps ; on fit des Juifs, des Grecs et des Persans ; mais la dignité de l'art ne permettait pas de peindre moins que des rois ou des guerriers panachés.

L'Olympe offrit nécessairement ses dieux, ses demi-dieux, ses déesses, ses faunes, ses nymphes et tout son matériel céleste au nouveau Jupiter de la maison de Bourbon.

Mais enfin l'impulsion était donnée : le maître aimait les beaux-arts, les beaux-arts devinrent à la mode.

L'école française acquit en naissant une grande célébrité ; de l'atelier de Simon Vouet on vit sortir presque en même temps Lesueur, Lebrun, Mignard et Lahire.

Enfin l'Académie de peinture est fondée en 1655, et de ses premiers concours sortent : Claude Lorrain, Stella, du Fresnoy, Largillière, Boulogne, Courtois, Sébastien Bourdon, Jean Jouvenet, Coypel et Restout.

A cette époque, l'école française atteint le point culminant de sa gloire. La vérité, le mouvement et l'expression de Coypel ; la manière large, franche et inspirée de Jean Restout ; la vigueur et l'énergie de Sébastien Bourdon ; le dessin large, facile et gracieux de Mignard, la richesse harmonieuse de sa couleur, peuvent entrer en parallèle avec les grands maîtres de l'Allemagne et de l'Italie.

Les modes et les goûts changent à la fin du dix-septième siècle : Detroy, le chevalier Favray, ne repoussent pas complétement la pompe et l'enflure, seulement ils essayent de la dissimuler, de la cacher, de la masquer avec les grâces, l'afféterie et la mignardise.

Carle Vanloo tranche nettement cette époque de transition : sa première manière est celle des Coypel et des Bourdon ; son DÉJEUNER DE CHASSE le classe parmi les Lancret, Boucher, Debard et Pater. Les arbres sont bleus ou chocolat, les gazons sont bleus ; mais, en revanche, les ciels sont franchement verts. Tout cela est faux et maniéré, mais gracieux et charmant.

Vien, Joseph Vernet et David terminent l'histoire de la décadence de l'art au dix-huitième siècle.

Greuze essaye une révolution timide ; mais il n'est que gracieux, il manque de l'énergie, de l'enthousiasme nécessaire à un chef d'école.

Comme Carle Vanloo, Jean-Louis David, né à Paris en 1748, fils d'un marchand de fer tué en duel, abandonna sa première manière, et après avoir fait de l'antiquité grecque une étude sérieuse, il commença et accomplit une révolution puissante, énergique et radicale.

Ses premiers tableaux furent : BÉLISAIRE, ANDROMAQUE PLEURANT LA MORT D'HECTOR, le SERMENT DES HORACES, le VIEIL HORACE DÉFENDANT SON FILS DEVANT LE PEUPLE, la MORT DE SOCRATE, les AMOURS DE PARIS ET D'HÉLÈNE, le SERMENT DU JEU DE PAUME, LEPELLETIER ÉTENDU SUR SON LIT DE MORT, les SABINES, LÉONIDAS AUX THERMOPYLES, le COURONNEMENT DE NAPOLÉON et la DISTRIBUTION DES AIGLES.

Tous ces héros, tous ces modèles si frais, si bien

5.

rasés, frisés, peignés, frottés, lustrés, cirés, nous semblent bien mauvais de ton, bien faux de mouvement, de couleur et d'expression. Cela manque complétement de vie, de passion et de vérité ; c'est de la tragédie en peinture.

On a peine à comprendre l'admiration, l'engouement, l'enthousiasme qu'excitait chacune de ces œuvres à son apparition. Pourtant tout succès a son motif, sa cause, sa raison d'être.

Cette cause, quelle est-elle?

Est-ce l'horrible goût de l'époque en peinture, en littérature, en sculpture et en architecture?

Est-ce amour de la nouveauté? réaction contre l'art du dix-huitième siècle?

Peut-être est-ce tout cela à la fois.

David fut de l'Académie, premier peintre de S. M. Napoléon, empereur et roi ; il fut riche et honoré. La Restauration lui mit au front l'auréole de la persécution, et en fit un grand homme. Rien ne manqua à sa gloire.

Girodet, Guérin et Prudhon joignent l'afféterie à la roideur du maître. Gros met dans ses compositions la passion et le mouvement oubliés depuis longtemps de tous les peintres de l'école française.

Enfin, en 1819, Jean-Louis-Théodore-André Géricault exposa le NAUFRAGE DE LA MÉDUSE.

Quel drame horrible, vrai, profondément senti, admirablement rendu ! Jetez ce radeau en pleine mer, entre le ciel et l'eau, perdu comme un point dans un horizon immense; élargissez jusqu'à l'infini le cadre étroit qui le resserre, et vous aurez une des plus belles, des plus grandes, des plus terribles réalisations de la pensée humaine...

Géricault, conspué, méprisé, raillé, mourut brisé par le doute, la douleur, la misère et la faim...

III

La grande entrée de l'Exposition universelle des Beaux-Arts est située avenue Montaigne. Trois grandes portes de dégagement sont ouvertes dans la rue Marbeuf.

La façade offre au centre un hémicycle terminé de chaque côté par deux ailes rectangulaires.

Sept portes en plein cintre, encadrées de chambranles avec sculptures, sont groupées dans la partie circulaire. Des fleurons moulés en plâtre décorent les tympans qui séparent les plein cintres.

Sur la frise qui se prolonge dans toute la façade, on lit en lettres d'or :

EXPOSITION UNIVERSELLE DES BEAUX-ARTS.

Vingt-huit pays sont représentés à l'Exposition universelle des Beaux-Arts. Ce sont :

L'Autriche, par 172 artistes et 159 ouvrages ;
Bade et Nassau, 14 — 18 ;
La Bavière, 34 — 64 ;
La Belgique, 140 — 270 ;
Le Danemark, 3 — 5 ;
Les Deux-Siciles, 3 — 5 ;
L'Espagne, 54 — 123 ;
Les États-Pontificaux, 8 — 13 ;
Les États-Unis d'Amérique, 10 — 159 ;
La Grand-Bretagne, 295 — 777 ;
La Hesse-Grand-Ducale, 2 — 2 ;
La Hesse-Électorale, 2 — 2 ;
Le Mexique, 1 — 1 ;
Les Pays-Bas, 76 — 131 ;
Java, 1 — 1 ;
Le Pérou, 2 — 5 ;
Le Portugal, 14 — 23 ;
La Prusse, 218 — 275 ;
La Sardaigne, 25 — 36 ;
La Saxe, 9 — 12 ;
La Suède et la Norwége, 29 — 44 ;
La Suisse, 46 — 114 ;
La Toscane, 3 — 6 ;
La Turquie, 1 — 1 ;
Les villes Hanséatiques, 15 — 18 :
Le Wurtemberg, 6 — 9 :
La France.

Ces vingt-huit contrées comptent à l'Exposition 2,154 artistes, peintres, graveurs, lithographes, sculpteurs, architectes, lesquels ont exposés 5,128 ouvrages.

1,059 artistes français ont exposés 2,810 ouvrages qui se divisent comme suit :

  692 peintres, 1,867 tableaux ;
  172 sculpteurs, 374 sculptures ;
   77 graveurs, 191 gravures ;
   28 lithographes, 95 lithographies ;
   90 architectes, 283 dessins d'architecture.

En entrant dans le vestibule par une des sept portes de l'hémicycle, on a en face de soi les divers salons et galeries du rez-de-chaussée, ensemble six travées, trois de chaque côté, longeant trois grands salons occupant le milieu de l'édifice, coupés chacun par des allées transversales rejoignant les galeries latérales.

Le plan que nous donnons au commencement du volume nous servira de guide à l'intérieur du palais.

La salle 1, dans laquelle on entre après avoir traversé le vestibule, contient, à droite en entrant, des aquarelles très-remarquables de Biermann ; en face la Toscane, la Suède et Norwége, et à gauche le Portugal, le Pérou, les États pontificaux et le Danemark. Le *Siége d'Ancône*, la *Vie primitive en Amérique*.

Dans la salle 2, la Suisse est à droite, les États-Unis

et le grand-duché de Bade à gauche. L'attention se porte tout d'abord sur la *Médée* de Grund, sur les glaces de Saal et sur trois bonnes toiles de Knaus.

Le salon 3 est exclusivement consacré à la Prusse. Le centre est occupé par une statue colossale de *Saint Michel* à cheval de M. A. Kiss. — On voit une grande toile de Rosenfelder, la *Suzanne* de Kaselowski, etc.

L'Espagne occupe la moitié de la galerie transversale 4 ; la Saxe et la France, la partie faisant face à la porte d'entrée.

Le grand salon n° 5 occupe le centre de l'édifice : là sont les *Romains de la décadence*, les tableaux de MM. Schnetz, Landelle, Winter-Halter, Antigna, Robert Fleury, l'*Annonciation* de Jalabert, la *Fenaison en Auvergne* de mademoiselle Rosa Bonheur.

Dans la salle transversale 6 sont les toiles de Cabanel, Benouville, Barrias, et des paysages de Corot.

Dans le petit salon 7 on voit les toiles d'Eugène Delacroix, deux paysages de Français, la *Défense des Gaules* de Chasseriau.

Les galeries transversales 8, 9, 11, sont consacrées à la France. Les toiles qui attirent le plus particulièrement les regards sont les Decamps, Meissonnier, les paysages de Rousseau et de Coignard.

Le salon de sculpture occupe le n° 10.

La galerie 12, longeant le grand salon, est affectée aux Pays-Bas.

Le prolongement 13 à la France : là sont les marines de Gudin. *Charles IX* d'Henri Scheffer, etc.

A côté, 14, le salon de M. Horace Vernet, la *Smala*, la *Bataille d'Isly*, *Judith et Holopherne*, les *Mazeppa* et vingt autres toiles.

La section 15, faisant parallèle, est attribuée à M. Ingres. L'*Apothéose de Napoléon*, le *Martyre de saint Symphorien*, etc., etc.

A côté, dans le salon 16, formant le prolongement de la galerie anglaise, sont les toiles de M. Courbet et les *Souvenirs du passé* de Célestin Nanteuil.

Dans le n° 17, faisant suite au salon de sculpture autrichienne, on trouve la *Soirée de M. de Niewerkerke*, par M. Biard.

Un bien grand peintre !

La galerie 18 renferme les sculptures de la Grande-Bretagne. Dans les galeries 19 et 20 sont les toiles de Mulready, Ansdell, Millais, Lance, Landseer, etc.

La Sardaigne et la Belgique se partagent la galerie longitudinale 22.

Enfin, pour terminer cette nomenclature fastidieuse, A A représentent sur le plan la partie affectée aux bureaux, au service médical, etc.; B B, deux escaliers conduisant aux galeries supérieures dans lesquelles sont placés les aquarelles, les dessins, les pastels, les émaux, les miniatures, les plans d'architecture, les gravures, les lithographies, etc.. etc.; C, un vesti-

bule ; D, un buffet; enfin, E E figurent les espaces ré-
servés pour les magasins et le dépôt des refus.

IV

L'Exposition des Beaux-Arts de 1855 acquiert une
importance et une solennité extraordinaires par son
double caractère universel et rétrospectif.

L'Angleterre, la Russie, l'Amérique achètent la
gloire ; Paris seul la donne : toute réputation, pour
être grande, universelle, a besoin du baptême de la
consécration parisienne.

Depuis vingt-cinq ans, l'Europe artiste vient solli-
citer notre critique, nos éloges, notre admiration.
Aujourd'hui l'on vient à Paris comme au seizième
et au dix-septième siècle on allait à Rome.

Les beaux-arts ont demandé, en dehors du Palais de
l'Industrie, un temple isolé où la foule, silencieuse et
recueillie, viendrait admirer les merveilles de l'art.
Le temple est élevé...

De tous les points du globe, les artistes ont dégarni
leurs ateliers, dépouillé les églises et les musées...

Les chefs-d'œuvre enfantés depuis quarante ans se
pressent dans les salles de l'avenue Montaigne.

Grâce à l'empressement avec lequel tous les peuples convoqués à cette grande solennité artistique ont
répondu à l'appel de la France, une promenade de

quelques heures remplace un long et pénible pèleri-
nage à travers les musées de la Grèce, de l'Italie et
de l'Espagne, de la Belgique, de la Hollande, de l'Allemagne et de l'Angleterre.

Séparés par la différence des langues, les peuples se
touchent, se mêlent sans se comprendre : devançant
l'avenir, les artistes des différents pays se parlent, se
communiquent leurs pensées, leurs passions, leurs
âmes, par la parole muette des formes, des lignes et
des couleurs.

Un enseignement sérieux, des leçons utiles pour
tous résulteront nécessairement de ce grand concours
artistique dont la France a eu l'initiative.

Nous sommes bien forcés d'en convenir : les questions d'art, aujourd'hui, sont impuissantes à passionner
les masses, peut-être même à les émouvoir ; on a donc
choisi la fête de l'industrie pour rehausser la solennité
artistique. On a eu tort selon nous.

La coïncidence des deux expositions est fâcheuse
pour les beaux-arts.

Tant de fois déçus, trompés tant de fois dans leurs
croyances, les peuples portent toutes leurs aspirations, toutes leurs espérances vers les miracles que
promet l'industrie, vers les merveilles qu'elle a réalisées.

Gardons-nous cependant de tout sentiment étroit et
exclusif, et offrons notre reconnaissance sympathique

aux artistes qui ont fait de Paris le foyer ardent de la civilisation.

Chaque chose a sa raison d'être, son utilité relative. Les lettres, les sciences, les beaux-arts et l'industrie ne forment qu'une grande famille nécessaire à la gloire et au bonheur de l'humanité. Une nation écrit son nom dans l'histoire des siècles par la vapeur ou l'électricité comme avec le livre d'Homère ou la frise du Parthénon.

V

M. INGRES.

Quand on a nom M. Ingres, quand on a eu pendant cinquante-quatre ans les éloges du public, les faveurs de tous les gouvernements, quand on est devenu, par sa palette, membre de l'Institut, commandeur de la Légion d'honneur et patriarche de la peinture, il est imprudent, peut-être, d'oser affronter la rude et terrible épreuve d'une exposition universelle et rétrospective. Quand on a fini sa tâche, accompli son œuvre, quand le jour baisse à l'horizon, mieux vaut fermer les yeux et s'endormir doucement dans la croyance de sa gloire et de son immortalité.

En voulant vider la coupe des louanges, on court grand risque de trouver au fond l'amertume de la vérité.

La critique vous irrite ; pourquoi donc la provoquer? à quoi bon déclouer les plafonds et dégarnir les
salons et les musées?

Mais le public que vous dédaignez, le public qui
vous a donné la fortune et la gloire, passera devant vos
toiles froid et indifférent, et les replacera au-dessous de David, entre Girodet, Gérard et Pierre Guérin.

La critique sévère et impitoyable vous redira :

— La tête du premier consul manque de vie, de
relief; vous avez oublié de fixer sur cette belle tête
l'éclair fugitif de la pensée;

— Votre Œdipe est dans une pose fatigante, et
n'annonce pas assez de finesse pour deviner la terrible
énigme du sphinx accroupi sur son rocher;

— La race est perdue de vos petits chevaux soufflés,
vivant de fleurs de rose et de café au lait; votre empereur est calme et fier, je vous l'accorde, mais il a la
cuisse cassée; votre Justice déploie un biceps formida-
ble, et boxe agréablement le génie du mal, un peu
trop cuit; mais on cherche comment elle réussit à
cacher son grand corps derrière les petites planches du
trône impérial;

— Votre odalisque a les épaules trop plates et pas
assez de cheveux; au lieu de se perdre dans un fond
harmonieux, le corps se découpe par un trait sec et
brutal;

Tout le monde connaît par la gravure ROGER DÉ-

LIVRANT ANGÉLIQUE : mais le tableau seul peut donner une idée du mauvais goût et de la fausseté de ce troubadour imberbe, rose et doré, s'amusant à pêcher à la lance une grosse carpe très-méchante et si vieille que des cornes lui sont poussées.

Si j'étais le mari de Francesca da Rimini, au lieu de rouler de gros yeux, de grimacer la colère et de tourmenter ma dague dans sa gaîne, je me contenterais de prendre par les épaules et de mettre à la porte ce long flandrin de page en chausses violettes, en pourpoint orange et en surtout bleu : il est trop niais avec son cou de cygne pour être bien dangereux.

Le Vœu de Louis XIII est un grand manteau avec un quart de lune, offrant à Dieu une couronne dont il ne sait que faire.

Je n'aime pas beaucoup Jeanne d'Arc blanche, grasse et rosée, sous son armure en zinc : elle n'est pas taillée pour tenir deux heures à cheval. L'écuyer, l'aumônier et le page sont rasés, frais et bien nourris, et ont l'air de gens de bonne maison propres et reposés.

Le Saint Symphorien ressemble par trop à une femme ; le tableau manque d'air et de perspective ; c'est un enchevêtrement inconcevable de jambes bossuées, de muscles secs, et rien ne justifie le développement prodigieux des muscles des licteurs.

La Vénus Anadyomène, commencée en 1808 et terminée en 1848, est fort gracieuse. Depuis Francesco

Albani, Rubens, jusqu'à M. Courbet, tous les peintres ont fait des Vénus vues de dos, de face, couchées,
endormies, au lit, sur l'herbe, ou au bain...

Tout le monde s'accorde à admirer les portraits de
M. Ingres. Seulement on blâme assez généralement
l'Harmonie aux yeux blancs, déposant une couronne
sur la tête un peu grise, mais bien modelée de Chéru-
bini.

Les différents tableaux de genre montrent chez
M. Ingres une très-grande facilité d'assimilation.

Malgré ces légères imperfections que nous avons cru
devoir signaler, M. Ingres aura toujours pour admira-
teurs sincères les amateurs de haut style en peinture,
et les amants passionnés de la guitare et de la péri-
phrase.

VI

M. EUGÈNE DELACROIX.

Il faut bien le reconnaître, pour tout le monde
M. Delacroix est plus qu'un peintre, c'est un penseur
éminent : par malheur, il cherche, il rêve l'infini
dans un art dont les moyens d'action sont très-bornés.
Il s'efforce de traduire sur la toile, de les rendre visi-
bles, palpables, toutes les grandes passions de l'huma-

nité. — David, Ingres et tonte l'école lui ont démontré l'impuissance de la ligne, alors il demande à la couleur la réalisation de son rêve.

M. Delacroix s'égare à la recherche de l'absolu : il rêve la philosophie de la peinture.

On a écrit beaucoup de dissertations savantes et profondément ennuyeuses sous prétexte d'esthétique, du sentiment ou de la philosophie des beaux-arts.

Cette maladie nous est venue de l'Allemagne, où l'on argumente sur et contre toutes choses.

Je comprends la philosophie de l'histoire, de l'histoire naturelle, la philosophie des sciences mathématiques et expérimentales ;

Je comprends que, des faits observés, des lois physiques clairement constatées, le penseur, le philosophe fasse surgir tout un système politique social ou économique...

Je comprends que, des leçons du passé, de l'étude des passions ou des aspirations humaines, il tire des lois et des enseignements pour l'avenir...

Mais la philosophie de l'art... la philosophie d'une statue, d'une toile peinte... qu'est-ce que cela signifie? je vous le demande...

Sous quelque forme que la pensée se matérialise, l'art est, si je ne me trompe, la traduction réelle et vraie de la nature, de nos passions, de nos joies et de nos souffrances...

La grande loi qui domine toutes les productions de l'esprit humain, c'est la Vérité.

Rien n'est beau que le vrai, le vrai seul est *aimable*.

L'expression, le mouvement, la vie, en un mot, la Vérité, tout l'art est là ; loin de là, il n'y a qu'orgueil et impuissance.

M. Eugène Delacroix est un peintre décorateur ; vus de près, ses tableaux sont un affreux barbouillage. Des points rouges indiquent des yeux; une ligne perpendiculaire, roide et grossière, figure le nez; un trait horizontal placé au hasard, à peu près entre le nez et le menton, est destiné à imiter la bouche. Les têtes sont rarement d'aplomb sur les épaules; les jambes et les bras manquent quelquefois.... Mais éloignez-vous un peu... encore... davantage... Maintenant, arrondissez votre main en forme de lorgnette, isolez les rayons lumineux, et l'horrible gâchis devient comme par enchantement un tableau éclatant de lumière et quelquefois admirable de passion, de vie et de mouvement.

Le tableau de Dante et Virgile, exposé au salon de 1822, est, sans contredit, un des chefs-d'œuvre de M. Delacroix. Sa manière large et vigoureuse tranche nettement avec les troubadours porcelaine de la Restauration.

Seulement, malgré toute la poésie fantastique du

sujet, on ne comprend guère le batelier sans tête, sans cou et sans épaules, et l'on se demande par quelle fantaisie étrange le peintre a jugé convenable de priver ce malheureux d'un organe regardé assez généralement comme absolument indispensable; enfin c'est un détail.

Les tableaux de David, les *Messéniennes* de Delavigne, les chansons de Béranger, les poëmes de Byron, avaient attiré l'attention de l'Europe et éveillé la sympathie en faveur de la Grèce égorgée, incendiée et ravagée par les Turcs.

En 1824, M. Eugène Delacroix exposa le Massacre de Scio.

Les maisons brûlent dans le lointain; les Turcs égorgent les femmes et les enfants disséminés dans la campagne.

Sur le premier plan, un groupe hébété, anéanti par la terreur, attend la mort : les yeux sont rougis par les larmes, les visages stupéfiés par le désespoir; les membres pendent, lourdement accablés par une prostration insurmontable. Une femme, brisée par la douleur, s'affaisse en tombant sur le corps mort de son mari; un Grec, assis au milieu de cadavres, se demande avec une rage concentrée s'il va mourir sans une dernière vengeance.

L'homme couché qui sourit de mépris en accusant le ciel de les avoir trahis a peut-être une intention trop philosophique pour être compris du public.

Un beau Turc, fier et dédaigneux, sur un cheval qui se cabre, s'apprête à tuer une vieille mère qui se cramponne au corps de sa fille attaché à la queue du cheval.

Le torse de la jeune fille est d'un beau dessin et d'une couleur admirable : seulement on ne comprend pas bien comment ce cheval sans croupe pourra galoper dans la campagne avec un pareil fardeau battant son flanc ou ses jarrets.

On voit déjà que, de parti pris et par système, M. Delacroix cherche à émouvoir, à passionner exclusivement avec la couleur, mais on ne devine pas encore le mépris absolu de la forme qui devait plus tard le conduire jusqu'à cette chose honteuse qu'il appelle la CHASSE AUX LIONS.

Le CHRIST AU JARDIN DES OLIVES accuse déjà cette tendance déplorable. Les trois anges sont très-laids et mal emplumés; et le Christ, bronzé par la fumée, a l'air d'un malandrin échappé de la Cour des Miracles de Jérusalem.

Nous ne regarderons pas l'EMPEREUR JUSTINIEN COMPOSANT SES LOIS qu'on eût bien fait d'oublier quelque part.

Barbier a bien dit dans ses *Iambes* :

> La liberté n'est point une comtesse
> Du noble faubourg Saint-Germain,
> Une femme qu'un cri fait tomber en faiblesse,
> Qui met du blanc et du carmin...

6

C'est une forte femme aux puissantes mamelles,
  A la voix rauque, aux durs appas,
  Qui, du *brun* sur la peau, etc.

Du brun, oui, mais non pas de la crasse... Le peintre eût fait sagement, à mon avis, d'envoyer cette demoiselle au bain... sa bouche me déplaît, et son regard est terne... Quant à ses deux amis, armés d'un
fusil et d'un chapeau tromblon, ils ont une physionomie peu sympathique; ces deux ou trois vauriens représentent mal un grand peuple qui s'égorge et meurt
pour la liberté.

La Madeleine dans le désert est une tête de
femme qui meurt ou sommeille : on l'a mise dans le
désert pour indiquer sans doute que la malheureuse
manquait d'eau pour se décrasser.

La Mort du doge Marino Faliero est la dernière
scène d'un bon gros mélodrame de 1834. Il y a de la
lumière, de riches étoffes, mais aucun mouvement, aucun intérêt dramatique. C'est un grand mannequin
sans tête, jeté au milieu d'autres mannequins de plus
petite dimension.

L'Évêque de Liége se distingue par les mêmes défauts : la lumière jouant sur de riches étoffes.

Les Deux Foscari offrent un peu plus d'intérêt. Au
reste, le sujet est très-dramatique. Dans la grande
salle du palais ducal, le vieux doge Foscari, assis sur
son trône, est forcé d'écouter la lecture de la sentence

qui condamne Jacques Foscari, son fils, accusé d'intelligence avec les ennemis de la république. Il est nu
jusqu'à la ceinture et tend vers son père des bras suppliants pendant que sa femme se jette dans ses
bras.

De tous ces personnages nous n'admettons réellement
que le vieux doge, qui nous a semblé admirable de
douleur et de résignation. Les autres personnages ne
sont que des pochades par trop lâchées.

COMBAT DU GIAOUR ET DU PACHA.

Un pacha qui dort sur un grand cheval à jambes
tortes a l'air contrarié par un giaour qui vient dés-
agréablement troubler son sommeil.

La MÉDÉE FURIEUSE est admirable de lumière, de
mouvement, de vie et de passion.

Elle est poursuivie... ses lèvres sont blanches de
colère, ses yeux lancent des éclairs de haine et de fureur, sa main gauche crispée serre un poignard, et de
la droite elle étreint convulsivement ses deux enfants
avec un movement frénétique de rage inassouvie. La
nature souriante et calme que laisse voir l'ouverture
de la caverne forme, avec cette scène d'horreur, un
contraste d'un puissant effet.

L'EMPEREUR MARC-AURÈLE MOURANT, qui n'était pas
beau, avait des amis fort laids; on aime mieux rencontrer ces gens-là dans un salon de peinture qu'au
coin d'un grand bois la nuit.

HAMLET. Hélas ! pauvre Yorik !

Avant de se séparer, ROMÉO et JULIETTE s'étreignent avec passion. La jeune fille repousse amoureusement son amant avec les coudes. Ce couple heureux essaye de lever les yeux au ciel, mais, hélas! le peintre les fit aveugles.

La BATAILLE DE NANCY est une rencontre dans laquelle on s'approche avec une grande circonspection. Sur le premier plan, Charles le Téméraire s'accroche aux crins de son cheval pour se remettre en selle pendant qu'un chevalier lorrain s'apprête avec grâce à le percer de sa lance redoutable.

Ce chef-d'œuvre appartient au Musée de Nancy.

La JUSTICE DE TRAJAN est remarquable par la grandeur de la toile. L'empereur, monté sur un beau grand cheval, se promène tranquillement au milieu d'un cortége plein de pompe et de magnificence.

Tout à coup une veuve éplorée, les bras tendus, se jette à genoux aux pieds du cheval : son veuf très-rouge et richement enluminé la soutient : l'empereur arrête son cheval qui se cabre... tableau !

La NOCE JUIVE DANS LE MAROC est fort belle de vérité, de réalité : seulement le soleil est peut-être un peu trop froid pour un soleil d'Afrique, les murs ne sont pas assez bistrés, et l'on cherche cette atmosphère chaude et lourde qui rayonne sur les toiles de Decamps.

La FAMILLE ARABE nous semble moins heureuse.

Un Arabe, vêtu d'une longue robe bleue, coiffé d'un bornous blanc, tient un enfant à califourchon sur un cheval alezan : la mère et l'aïeul s'approchent pour monter à la suite, sans doute. Le cheval est tellement long qu'il y aura place pour la famille entière.

Nous allons essayer de vous donner une idée de cette chose incroyable qui s'appelle la CHASSE AUX LIONS. Cette toile porte la date de 1855 et clôt la série des œuvres de M. Delacroix exposées au Salon.

Au milieu d'une pochade d'une couleur désagréable on distingue vaguement, et avec beaucoup de bonne volonté, une espèce de momc contrefait et grimaçant, en calotte écarlate et pourpoint puce, avec surtout blanc et bleu rayé, et coiffé d'une toque pareille.

Ce Triboulet informe et difforme, monté sur un cheval épagneul, lève d'un bras maigre et roide un petit fer emmanché d'un petit bois.

Une lionne qui paraît désireuse de grimper en croupe mord avec colère la croupière du cheval épagneul.

Pendant ce temps-là, dans un pâté vert, un petit Turc, qui, pour le costume, la pose et l'expression, rappelle avec bonheur les Mameluks enluminés de la Restauration, monte un cheval chocolat, qui se dresse avec l'élégance gracieuse d'un cheval savant, et fait mine d'enfoncer son petit couteau dans l'échine d'un lion blessé qui montre les dents.

Trois hommes, un cheval et le sultan Saladin es-

6.

sayent de sortir de cette position fâcheuse et inquié-
tante.

Si les personnages sont horriblement mauvais, en
revanche, la campagne est couleur pistache.

Cette méchante toile nous semble un défi jeté au
goût et au bon sens public.

VII

HORACE VERNET.

Tous les peintres affectent le plus profond dédain
pour M. Horace Vernet, et lui refusent absolument
toute espèce de talent; les raffinés des beaux-arts qui
cherchent dans la peinture un mythe, le symbole
d'une idée absente, le trouvent trivial, sans élévation
de style et de pensée; le public, qui n'est d'aucune
école, qui aime à comprendre une toile à première
vue, place M. Horace Vernet à la tête de l'école française.

Le public a tort et les raffinés n'ont pas raison.

M. Horace Vernet est un improvisateur en peinture,
il est venu au monde un crayon à la main. Son dessin
est franc d'allure, vif, facile, inspiré : pas une pose qui
ne soit vraie! pas une expression qui ne soit en harmonie parfaite avec la situation du personnage!

La *Judith* est fièrement campée; le pli du front

annonce une résolution énergique. En forçant l'effet, le peintre tombait dans l'exagération et le mélodrame. Mais la scène est mal éclairée; le grand rideau d'étoffe rouge, aux plis roides et puissants, coupe brutalement la toile, au lieu de projeter cette teinte lugubre que M. Léon Coignet a si bien rendue dans son beau tableau du *Tintoret*.

M. Horace Vernet est l'exécuteur des hautes œuvres militaires, personne ne peint comme lui le troupier français. La *Smala* est un panorama qui se déroule sur une longueur de quarante mètres ; tous les soldats sont étudiés et rendus avec le fini, le soin et la fidélité du portrait.

On reproche à cette toile le défaut d'unité : il n'y a pas une action, il y en a dix, il y en a vingt..... — Où est le mal ? N'en serait-il pas de l'unité en peinture comme de l'unité de temps et de lieu au théâtre ?

Seulement son amour pour l'uniforme français a peut-être entraîné le peintre au delà de son intention : l'intérêt manque à cette toile, parce qu'il n'y a pas de lutte, pas de résistance, pas de bataille ; on compte à peine une demi-douzaine d'Arabes contre soixante Français ; la partie n'est pas égale.

Avouons, pour rester dans le vrai, que la couleur de M. Horace Vernet est aussi fausse, aussi mauvaise que son crayon est spirituel et original.

Tout le monde a vivement regretté l'abstention de

MM. Paul Delaroche et Ary Scheffer. — Talent oblige.

Pour éviter autant que possible la sécheresse et la monotonie des classifications, nous continuerons notre promenade à travers le Salon, en nous arrêtant au hasard devant les toiles, petites ou grandes, qui auront le plus vivement attiré notre attention par leurs défauts comme par leurs qualités.

M. Français n'a pas exposé de nouvelles toiles, mais nous avons revu avec plaisir deux beaux paysages d'une touche ferme, large et puissante, et d'une vérité admirable : — le *Soleil couchant* et un *Sentier dans les blés.*

— Si l'on veut bien se rendre compte des progrès obtenus dans l'étude des animaux, que l'on compare la *Lutte des taureaux* de Brascassat, la *Vache attaquée par les loups et défendue par les taureaux*, exposées en 1839, — avec les *Bœufs allant au labour*, —*Vallée de Touque*, et les autres toiles de M. Troyon. Impossible de rien imaginer de plus admirablement vrai, de plus profondément senti, de plus vigoureusement rendu.

— La *Fenaison en Auvergne* de mademoiselle Rosa Bonheur se rapproche plus de la manière de Brascassat et manque des qualités qui distinguent si particulièrement M. Troyon. Son ciel est d'un beau bleu, mais il manque de chaleur et d'âpreté ; ses bœufs sont bien étudiés, mais ils sont trop caressés et léchés avec trop de complaisance.

— M. Decamps est un peintre hors ligne, d'une originalité incontestable. On lui reproche de peindre avec une truelle, de maçonner ses toiles et de marteler ses couleurs ; mais il faut avouer qu'avec ses couches superposées, grattées et regrattées à l'infini, il obtient des effets de couleur d'une puissance rare et saisissante.

Ainsi la *Halte de cavaliers arabes*, — le *Grand bazar turc*, — *Eliézer et Rébecca*, — la *Rue d'un village en Italie*, — le *Boucher turc* et vingt autres toiles d'Orient ont l'air chauffées et roussies par le soleil des tropiques. Cependant, malgré la richesse de sa palette, M. Decamps ne sort guère d'une gamme de tons cuits et bistrés, qui donne à ses œuvres un cachet particulier, sans doute, mais qui devient monotone et sent la manière et le parti pris.

La *Bataille des Cimbres* est plutôt un paysage qu'une bataille : toute l'attention, tout l'intérêt se porte sur cette plaine désolée, sur ces collines accidentées qui ferment l'horizon ; il faut regarder de près pour voir une mêlée dans cette fourmilière qui grouille dans les plis du terrain.

Les *Singes* ont fait la fortune de M. Decamps ; cependant nous leur préférons les *Chevaux de halage* et l'*Ane et les Chiens savants* : ces deux toiles sont d'une vérité d'observation, d'un rendu et d'une couleur admirables !

Je ne connais rien de plus charmant que cette nichée de Maurillons qui sortent de l'*école turque* avec des sauts, des cris, des gambades et des trémoussements convulsifs. — En somme, ce qu'on regrette dans M. Decamps, c'est l'inspiration, la passion et le sentiment de la nature.

— M. Chasseriau n'a pas justifié, selon nous, les espérances et les éloges antérieurs d'amitiés trop complaisantes. Nous n'aimons pas cette salade de femmes, brunes, blondes, vertes, rouges et jaunes, entassées autour du *Tepidarium :* — elles sont toutes laides, avec les mêmes yeux — sans regards ; cela manque d'air, de grâce et d'harmonie.

Les *Cavaliers arabes emportant leurs morts après une affaire contre des spahis* nous avaient laissé, en 1850, une impression très-favorable qui a presque complétement disparu après un examen plus sérieux. Il y a un effet d'ensemble assez harmonieux de riches costumes, de chevaux et de cadavres ; mais la scène, mal éclairée, manque complétement d'intérêt, de vie et de mouvement ; les hommes enlèvent leurs morts comme ils feraient de paquets d'étoffes. — Les *Chefs arabes se défiant en combat singulier sous les remparts d'une ville* sont beaux de mouvement, de colère, de mépris et d'animation ; mais le sultan Saladin, couché dans une flaque d'eau avec un grand coutelas dans l'estomac, est d'un grotesque incroyable. Le chef du second plan, monté sur un cheval épagneul, manie un bois de lance d'une exiguïté ridicule, et son adversaire, avec son bornous flottant, a une pose trop théâtrale pour être d'un grand effet.

— Il y aurait beaucoup à dire sur la *Défense des Gaules*. « Commandés par Vercingétorix, les Gaulois repoussent de Gergovie les légions de César : leurs femmes échevelées les implorent, leur montrant, du haut des remparts, leurs enfants, et les excitant au combat. »

Pourquoi tous ces guerriers se sont-ils dépouillés, à l'instar des Grecs de David? A leurs membres frais, blancs et légèrement nuancés de rose, on voit aisément que ces messieurs avaient peu l'habitude de sortir en pareil déshabillé.

Les dames gauloises sont des poupées cueillies sur les hauteurs du quartier Bréda.

En général, ce qui manque à M. Chasseriau, ce n'est ni le dessin ni la couleur, mais l'intelligence de la scène qu'il veut rendre, des causes et des effets qu'il veut produire.

Nous ferons le même reproche à M. Thomas Couture; il n'est pas permis de traiter un sujet historique sans ouvrir au moins un livre d'histoire. M. Couture a voulu peindre les ROMAINS DE LA DÉCADENCE. Il faut bien le croire, puisque le livret l'assure. Mais où donc sont

les esclaves d'Éthiopie, faisant mousser dans des pa-
tères d'or enrichies de pierreries les vins centenaires
de Chio, de Falerne ou de Syracuse?... C'est de la
piquette d'Argenteuil, frelatée dans les caves de Bercy,
qui suinte dans cette coupe d'étain mal fourbie. Quoi!
ces méchantes guenilles de calicot jauni, fripé, sali,
nous représentent les soies de Corinthe et la pourpre
de Tyr! Et ces drôlesses usées, passées, lassées, flé-
tries, molles et flasques, ce sont les belles filles de
Grèce et de Géorgie que les maîtres du monde payaient
au poids de l'or!

Où sont les guirlandes de fleurs, les joueurs de
flûte et les cassolettes d'encens?

Vos patriciens ne sont que de misérables affranchis
ignorant les douceurs du bain...

Et les hymnes à Bacchus, le dieu de la joie? Et les
offrandes à Vénus?

Que demandent ces deux hommes mal vêtus, debout et mécontents?

Ils boudent peut-être parce qu'on ne les a pas invités; mais partout une mise décente est de rigueur, —
et la tenue de ces messieurs laisse beaucoup à désirer
sous tous les rapports.

Tout cela est gris, triste, froid, maussade, ennuyeux
et ennuyé...

Passons...

— Voulez-vous voir un chef-d'œuvre? arrêtez-vous

devant UNE RIXE de MEISSONNIER, un homme fort intelligent, celui-là.

Les cartes sont déchirées, les cruches à terre, les chaises et les tables renversées. — Un aventurier en haut-de-chausses et pourpoint d'un blanc sale, avec des chausses bleues passées et un surtout orange; la trogne enluminée par le vin, les veines gonflées, les membres roidis et crispés par la colère, s'efforce de tomber, la rapière au poing, sur son adversaire, solidement assis sur ses jarrets, et campé dans une pose crâne qui annonce un maître en fait d'armes, un raffiné d'honneur.

Deux amis s'efforcent de contenir le premier personnage : l'un l'étreint vigoureusement à bras-le-corps, pendant qu'un second s'efforce de lui arracher son épée.

Un troisième, qui s'est jeté entre les deux, essaye de les apaiser en donnant raison à tous les deux.

Cette petite toile est vivante de vérité, de mouvement, d'expression, — admirable d'observation et de couleur locale.

Deux bravi sont embusqués derrière une porte : l'œil du premier plonge avidement un regard féroce par le trou de la serrure; sa main crispée recommande le silence et l'immobilité à son complice, qui, la dague au poing, attend debout, le dos collé contre la boiserie de l'appartement...

7

Il y a tout un drame terrible dans cette petite toile de quelques centimètres.

Ces deux toiles sont, à mon avis, les deux meilleures du Salon : je ne connais rien d'aussi profondément senti, d'aussi admirablement rendu.

— M. Diaz de la Peña a enfin compris que le public commençait à se lasser de voir toujours et toujours les mêmes nymphes en jupons trop courts, décolletées jusqu'au nombril, assises ou couchées sous bois, au milieu des mêmes petits culs nus d'Amours avec ou sans ailes. Si le coloris est vigoureux, le dessin est souvent d'une mollesse et d'une lâcheté qui va parfois jusqu'à la plus extrême négligence.

Nous devons encourager les *Dernières Larmes*, parce qu'elles sortent complétement de la manière du peintre ; mais franchement nous ne comprenons rien à ces femmes pâles et longues, flottant dans un milieu gris et nuageux.

Pleurent-elles, ces femmes? Pourquoi pleurent-elles? Sur cinq il y en a quatre qui se ressemblent trop, sous prétexte apparemment qu'elles sont sœurs. La femme rouge, vue de dos, a une croupe de sirène admissible peut-être dans les formes capricieuses et tourmentées de la mythologie, mais absolument impossible dans la réalité.

— Décidément il a trop plu de chenilles et de hau-

netons sur les arbres gris et déguenillés de M. Corot :
c'est faux, triste et froid.

— M. Antigna est un observateur sérieux, qui reproduit avec une grande vérité les physionomies et les
tons gris de la classe indigente.

— La GAMELLE est une scène d'intérieur charmante et triste à la fois. Une mère menace du geste
une petite gourmande qui s'est rendue coupable d'un
mouvement de cuiller trop accéléré, pendant que ses
quatre petites sœurs attendent la permission de re-
commencer le repas interrompu.

— Dans l'INCENDIE, une porte entr'ouverte laisse
voir de grandes flammes rouges qui éclairent d'une
lueur sinistre un pauvre appartement perdu sous les
toits.

La frayeur des enfants, le mouvement de la lumière,
sont vivement sentis et bien exprimés.

— Je connais peu de drames aussi émouvants qu'une
HALTE FORCÉE.

Toute une famille, le grand-père, le père, la mère
et six enfants étaient entassés dans une lourde charrette que traînait seul un malheureux cheval : rendu,
épuisé de fatigue, le pauvre animal vient de tomber
pour ne plus se relever.

La nuit arrive, la neige tombe, les corbeaux se
pressent au sommet des arbres dépouillés; le chien
hurle après les loups, les enfants ramassent des bû-

chettes et allument du feu ; la mère étreint convulsivement le plus jeune de ses enfants, pendant que le
père, assis sur un brancard, la tête dans sa main, suit
avec un désespoir profond et contenu l'agonie du cheval qui râle un dernier soupir.

Cette scène est déchirante.

— L'Annonciation de M. Jalabert, que nous avions
admirée au Salon de 1853, a de rares qualités : la
jeune Vierge est adorable de naïveté, de surprise,
d'amour et d'admiration. — Seulement, cette année,
l'ange nous a paru un peu niais et trop long.

Le Pilori de M. Glaize rentre dans la peinture symbolique et humanitaire pour laquelle nous avouons
notre peu de sympathie : seulement celle-ci est d'une
interprétation facile.

Le Christ couronné d'épines est au milieu des grands
hommes persécutés par la Violence, la Misère et l'Hypocrisie personnifiées. — Les martyrs de la science et
du génie sont, à sa droite : — Socrate, Ésope, Kepler,
Galilée, Corrége, Bernard de Palissy, Lavoisier ; — à
sa gauche, Homère, Dante, Cervantes, Jehanne d'Arc,
Christophe Colomb, Salomon de Caus, Denis Papin,
Étienne Dolet. — Les yeux au ciel, Christ montre du
bout du doigt l'inscription suivante, gravée à ses
pieds : « On les persécute, on les tue, sauf, après un
lent examen, à leur dresser une statue pour la gloire
du genre humain. » La moralité est plus vraie que

consolante. Nous ne voulons pas contester à cette toile un grand sens philosophique; mais nous lui reprochons de trop ressembler à une parade historique.

— M. Winterhalter a exposé un *Décaméron*, un gracieux bouquet de femmes admirablement belles : ce sont des portraits dont nous regrettons de ne pouvoir constater la parfaite ressemblance. Une seule exceptée : *S. M. l'Impératrice*.

— M. Billotte a cinq petites toiles, soignées d'exécution, tranquilles de ton, simples et harmonieuses de couleur. — Son *Chasseur* est bien réellement occupé à mettre son fusil en état, et la tête du vieux soldat dans la *Veille d'une campagne* est d'un beau caractère.

— M. Courbet a exposé cette année une *Rencontre* dont les personnages sont d'une exécution très-soignée et d'une tenue irréprochable. — Son paysage de la *Roche de dix heures*, dans la vallée de la Loue, est d'une fraîcheur à faire éternuer.

— Le *Saint François d'Assise* de M. Benouville, transporté mourant à Sainte-Marie des Anges, et bénissant la ville d'Assise, a un caractère profondément religieux. Le paysage, d'un gris terne et d'une sécheresse biblique, s'harmonise bien avec le froc brun et sombre des moines. Le calme, la pâleur ascétique des religieux, donnent à cette scène une grandeur et une majesté imposante.

Nous sommes forcés d'avouer, par exemple, que le lion accroupi sur le prophète de la tribu de Juda est d'un grotesque achevé.

Ses *Martyrs chrétiens entrant dans l'amphi-théâtre* sont d'un beau dessin, habilement groupés, doux et harmonieux de couleur; mais l'intérêt drama-tique manque absolument. Malgré leurs yeux levés au ciel, les deux martyrs ne rayonnent pas de cet enthousiasme qui défie les bourreaux et sollicite la palme du martyre.

Où sont les lions, les griffes et la gueule rouges de sang, déchirant, éparpillant les cadavres des chré-tiens? Je ne vois qu'un soldat assez bon diable, em-barrassé de son sabre et de son bouclier, bousculant du pied un vieillard boiteux, et, au second plan, un bourreau tourmentant une femme blonde dont le corps est perdu dans la masse des personnages.

Cela ne suffit pas... Ce tableau devait être déchirant, il est froid.

— Le *Bénédicité*, la *Leçon de musique* et *Pendant les vêpres* sont de petits sujets bretons étudiés avec un grand soin et très-heureusement rendus par M. Fortin.

Sa *Chaumière du Morbihan* est un petit chef-d'œuvre de couleur et de vérité d'observation. A l'ombre d'un grand chêne dont les feuilles se décou-pent vigoureusement sur le fond argenté du ciel, un

mendiant en houppelande grise, le sac de toile au
dos, chaussé de gros sabots ferrés, fume sa pipe, assis
sur un escabeau, en causant avec une vieille qui, la
pipe au bec, l'écoute en filant sa quenouille, debout,
à la porte de la masure en terre, crevassée, éventrée
et tombante. La couverture est de paille et de genêts
mêlés, fleurie de mousse et de joubarbes. Un coq regarde la scène avec dignité pendant qu'une poule
cherche sa vie dans la demi-teinte d'un hangar.

On pourrait croire cette petite toile signée par un
des grands maîtres de l'école hollandaise.

— Je ne connais pas les environs de Naples ; mais
les petits sapins de M. Bellel me font l'effet de grands
champignons poussés dans du plâtre. Cela ne vaut pas
les frais du voyage.

— Le dessin de M. Bonvin est ordinairement sec,
sa couleur froide ; mais sa *Basse-Messe* est habilement
conçue et bien éclairée, puis tout ce petit monde lit et
prie religieusement.

Le *Jeune malade* de M. Jobbé-Duval est une toile
charmante : la jeune fille a la blancheur idéale, les
formes vaporeuses d'un rêve d'amour.

— La *Tristesse d'une fiancée* est beaucoup moins
heureuse : les attitudes sont gauches ou maniérées, et
les physionomies sans expression.

— *Vive l'Empereur !...* exposé cette année par

M. Muller, est destiné à servir de pendant à son *Appel des dernières victimes de la Terreur.*

La foule accourt, se presse, s'entasse aux fenêtres et sur toute la ligne des boulevards, pour voir passer son empereur et le saluer de ses cris enthousiastes.

Le cœur saigne à la vue de ces soldats couverts de poussière, hâves, décharnés, en haillons, se traînant à peine, les jambes enveloppées de linges tachés de sang, la poitrine trouée de balles et la tête fracassée, qui se groupent au pied de l'arc de triomphe de la porte Montmartre... Pauvres gens !... Quel tableau déchirant !...

— Un criminel, soupçonné sans doute d'avoir blasphémé le saint nom de Dieu, mangé de la viande un vendredi, ou douté peut-être de l'immaculée conception de la sainte Vierge, ou lu la Bible, a été arrêté et jeté dans un des cachots discrets de la sainte Inquisition. Il est couché sur le dos; les cordes qui étreignent ses poignets entrent dans les chairs; ses deux jambes, serrées dans deux solides madriers en chêne rapprochés par un écrou, sont broyées jusqu'à la moelle des os. Le malheureux se tord dans les horribles convulsions d'une agonie interrompue et habilement prolongée.

Ils sont là, groupés autour de lui, sept bons religieux, sept familiers du saint-office, pâles, silencieux, impassibles ..; l'un active le feu qui brûle la plante des pieds du patient, tandis qu'un autre, agenouillé, lui montre le ciel et l'exhorte à une contrition parfaite... C'est horrible!... Mais c'est pour son salut.

Cette scène de l'inquisition, de M. Robert Fleury, date de 1841. On pourrait la croire signée par Ribeira.

Cette année, le pinceau de M. Robert Fleury nous retrace d'une manière énergique et saisissante quelques pages historiques du moyen âge : son *Pillage d'une maison dans la Judecca de Venise* est une de ces horreurs qui se commettaient impunément, non-seulement à Venise, mais en France et sur tous les points de l'Europe.

« Sous le moindre prétexte, on courait au quartier des Juifs, on entrait dans leurs maisons, on pillait leurs richesses, et les débiteurs reprenaient les titres de leurs dettes. »

Je me suis bien souvent demandé, sans pouvoir me l'expliquer jamais, d'où provenait la haine des chrétiens pour les juifs.

Jésus, le Dieu des chrétiens, était Juif ; son père et sa mère étaient Juifs. Ses compatriotes ont refusé de croire en lui... était-ce donc leur faute s'ils n'avaient pas la foi et si la grâce ne leur était pas tombée du ciel?

Ce ne sont pas les Juifs, ce sont les Romains qui

7.

l'ont condamné et mis à mort, comme ils ont persé-
cuté plus tard ses disciples.

L'histoire des chrétiens est l'histoire des juifs ; ils
sont forcés de puiser dans leurs livres saints les preuves de leur religion. Leur Dieu est le même à quelques
détails près, leur morale est la même.

Les deux religions, nées ensemble sous les frais om-
brages du paradis terrestre, doivent se retrouver face
à face dans la grande vallée de Josaphat quand éclate-
ront les terribles trompettes du jugement dernier...

Pourquoi donc cette haine violente et implacable
après dix-huit siècles passés ensemble sur le même
point du globe?

—Le *Corps de sainte Cécile apporté dans les cata-
combes*, de M. Bouguereau, est d'un dessin irréprochable : les personnages sont habilement groupés ;
mais la vie et l'onction manquent complétement ; la
douleur est tout entière dans les poses ; les visages ne
disent absolument rien.

— Mentionnons, en passant, les *Environs de Mon-
toire* de M. Busson, et deux très-bons paysages de
M. A. Bonheur, le *Vieux chêne* et le *Col de Cabre*, qui
nous ont paru rendus avec une grande vérité.

— Nous étions curieux de voir à quel point les
Exilés de Tibère de M. Barrias justifieraient l'impression très-favorable qu'ils nous avaient laissée à
l'exposition de 1850. Ils sont toujours d'un dessin

ferme et vigoureux. La couleur est bonne, à part la mer, qui a poussé au bleu et ressemble trop à une décoration de théâtre.

Est-ce négligence ou difficulté d'exécution? nous ne saurions le dire; mais nous n'avons pas trouvé au Salon une seule marine traitée d'une manière complétement satisfaisante; elles laissent toutes à désirer plus ou moins pour la couleur ou le mouvement de la mer. Les Anglais nous ont semblé plus heureux en ce genre.

Le *Vieillard appelant sur Tibère la vengeance des dieux* est plein de noblesse et de dignité : la douleur, vraie sans exagération, est contenue et profondément sentie; son attitude est digne, son geste fier et imposant.

L'homme assis, les jambes pendantes, à la proue, est bien absorbé par la méditation et les calculs d'une vengeance terrible et implacable. Sa tête, arrondie sur les tempes, aplatie au sommet, annonce la ruse mêlée à une grande fermeté de résolution.

Au milieu, une femme pâle et blonde, enveloppée d'un manteau de couleur sombre, est absorbée dans un sentiment profond de jalousie et de désespoir. Mais le couple amoureux qui s'enlace avec un enfant gras et rose, couché sur les genoux de sa mère, nous semble contraire à l'idée générale du tableau, et nuire au sentiment d'intérêt et de pitié qui s'attache au sort de ces malheureux transportés. Puisqu'ils sont réunis, ces deux amants seront heureux, en quelque lieu qu'on les déporte.

— Quoique d'un intérêt moins saisissant, les *Exilés se rendant à Rome pour le jubilé de l'an* 1300, du même peintre, ont encore de rares et de précieuses qualités.

L'annonce du pardon ébranle toute la chrétienté : une foule immense se déroule dans les plaines de Rome, depuis la châtelaine montée sur son blanc palefroi, le baron en cotte de mailles et coiffé de son morion, jusqu'au pauvre pèlerin qui tombe à terre, prosterné dans un élan de foi et d'adoration enthousiaste.

A un coude de la route, la foule s'arrête en vue de la ville éternelle, et salue de loin le but de ses espérances, le terme de ses fatigues.

Cette toile, sobre de ton, est d'une couleur harmonieuse; le paysage nu, habilement disposé, a beaucoup de grandeur, et le ciel est d'une admirable limpidité.

Cette toile annonce un talent très-consciencieux, et nous a paru une des plus remarquables du Salon.

— Je présente mes excuses bien sincères à M. Corot; — son souvenir de *Marcoussis, près Montlhéry*, est d'une bonne couleur et d'une grande vérité : l'arbre a toutes ses feuilles.

-— Nous n'aimons pas beaucoup la *Glorification de saint Louis*, de M. Cabanel. Les tons gris, secs et froids du tableau rappellent plutôt une fresque qu'une peinture à l'huile. Ces deux demoiselles représentant, l'une la Religion, l'autre le glaive de la Loi déposant une couronne d'épines sur la couronne d'or de saint Louis assis sur un trône doré, manquent complétement de poésie et d'élévation. Et puis, que demandent ces moines, ces pèlerins, ces chevaliers bardés, et ces femmes pâles, maigres et malades?

— Donnons un éloge sincère à M. Breton : ses *Glaneuses* et ses *Trois petites paysannes consultant un épi*, quoique d'un faire vague et noyé, sont bien étudiées, et accusent un grand sentiment de vérité.

— Il n'y a qu'un peintre en France qui égale la popularité de M. Paul de Kock, c'est M. Biard. Moins l'esprit et la gaieté, c'est le Paul de Kock de la peinture. Dire que le public se presse devant cette chose sans nom intitulée une *Soirée chez M. de Niewerkerke*, c'est donner une bien triste idée du goût pictural des amateurs à un franc.

— Je n'aime pas la *Petite Frileuse* de M. Guillemin : son mouvement est gauche, mal venu, son expression est minaudière et indécise. Son *Thésauriseur* est mieux étudié; le type de la physionomie bretonne est bien senti et le costume est rendu avec une grande exactitude.

C'est aussi le caractère qui m'a le plus frappé dans *Un jour d'assemblée dans le Finistère* et le *Lendemain des noces*. M. Poussin a reproduit très-heureusement quelques-uns des costumes si pittoresques et si variés de cette partie de la Bretagne.

— Les *Seigles* de M. E. Lambinet sont un délicieux petit paysage. *Avant la pluie* est vigoureux de ton et admirablement éclairé.

— J'ai vu peu de têtes aussi suaves, aussi gracieuses, aussi admirablement vierges que le *Repos de la Vierge* de M. Landelle. *Il bambino* dort sur le sein de sa mère dans une pose gracieuse et vraie : les trois anges qui l'adorent à genoux ont une grâce et une pureté charmantes. Le ciel plaît moins, il devrait être radieux, éblouissant; il est terne, et ne laisse pas même pressentir l'aurore : l'on se demande d'où peut venir la lumière.

— Les *Écueils de la vie* rentrent dans la peinture allégorique et renferment un enseignement à l'usage de la jeunesse studieuse. Ce qui perdra ce petit monsieur au pourpoint noir, au feutre arrondi, ce seront selon toute apparence, les cartes, le raisin, les roses, les grenades, la guitare; mais, par-dessus tout, les demoiselles rouges et brunes, un peu trop décolletées. Pauvre enfant! Que lui veut cet homme mûr, rouge et chauve, qui le pousse par derrière? — Cette toile est signée Édouard de Beaumont.

— Les paysages de M. Rousseau et de M. Coignard sont trop connus et trop généralement estimés pour qu'il nous soit permis de leur consacrer nos éloges rétrospectifs.

— Une *Rue à Constantinople*, de M. Frère, nous rappelle Decamps pour la couleur ; cela est chaud et vigoureux de ton.

— Les papilles du palais s'épanouissent avec sensualité, l'eau vient à la bouche à regarder les *Fleurs* et les *Fruits* de M. Saint-Jean.

— La *Naissance de Notre-Seigneur Jésus-Christ* dans le siècle d'Auguste rentre dans la peinture allégorique, mystique et catholique : nous renonçons à décrire et à comprendre cette immense machine de M. Gérôme : c'est déjà bien assez de l'avoir regardée.

— Les chevaux de M. Janet-Lange sortent bien évidemment de l'atelier de M. Horace Vernet ; le quadrige de Néron disputant le prix de la course des chars nous rappelle la fameuse charge à fond de train de la *Smala*. Le Néron ne nous a pas paru assez solidement campé sur ses jarrets : les muscles des bras sont un peu grêles.

— Je ne comprends absolument rien au quadrige symbolique de la *Vision de Zacharie*, que M. Laëmlin a lancé à toute vitesse dans le ciel bleu de l'avenir. Mais il faut avouer que le sujet est traité d'une manière franche, large, vigoureuse et inspirée.

— M. Plassan a exposé cinq petites toiles qui ne sont pas sans valeur. La *Consultation* nous a semblé la meilleure des cinq.

Assis au chevet du lit, un médecin tâte le pouls d'une jeune femme malade, en suivant avec une profonde attention le mouvement des aiguilles de sa montre. En face de lui, une jeune femme cherche à lire sur la figure calme, sévère et impassible du docteur.

Les tons sont harmonieux, les détails traités avec le plus grand soin. La jupe de satin jaune de la jeune femme est habilement rendue : mais l'intérêt est faible, l'inquiétude de la jeune femme est plutôt grimacée que réellement sentie.

— M. R. Lehmann me paraît avoir bien compris et heureusement rendu la poésie de *Graziella*, un des plus beaux livres de M. de Lamartine.

—Les *Bords de la Creuse* annoncent chez M. Scheffer une étude sérieuse et un grand sentiment de la nature. Les arbres sont bien traités et la transparence de l'eau admirablement reproduite.

— Malgré la supériorité d'un talent incontesté, M. Cabat nous a semblé moins heureux dans le *Soir au lever de la lune*. Le bouquet d'arbres du premier plan est vigoureux de ton et d'un ensemble gracieux. Mais la lune a l'air d'avoir été placée après coup : sa lueur n'argente pas le ciel et ne teinte ni l'eau ni les lointains du paysage.

— « Henri III et le duc de Guise se rencontrent au pied du grand escalier du château de Blois, avant d'aller communier ensemble à l'église Saint-Sauveur, le 22 décembre 1588, veille du jour où le duc de Guise fut assassiné. »

Le sourire ironique et dédaigneux du duc, l'hypocrisie, la haine et la cruauté de Henri III sont profondément observés et très-habilement exprimés par M. Comte; les physionomies et les costumes sont d'une grande fidélité historique; mais les tons sont violents et criards : et les personnages ont l'air de suer, malgré la neige qui couvre le pavé de la rue et les toits des maisons.

Ce défaut est plus sensible encore dans l'arrestation du cardinal de Guise et d'Espignac.

— Ce qui me plaît surtout dans le talent de M. Hébert, c'est son mépris pour le papillotage des grandes draperies aux couleurs éclatantes, des accessoires qui attirent les ébahissements de la foule, et qu'en termes d'atelier on nomme des ficelles : c'est au fond du cœur, dans la nature, qu'il va chercher la poésie, le sentiment, la vérité.

Rien de plus charmant que les *Filles d'Alvito dans le royaume de Naples!* Deux jeunes filles pauvres, maigrelettes et mal vêtues, mais d'un beau type et d'une grande élégance de formes, descendent de la fontaine, portant sur leurs têtes deux grandes cruches de terre rouge. La plus jeune tient sur son bras son linge tordu et mouillé, et dans la main un morceau de savon : pour tout paysage, un grand rocher de marbre gris-bleu tombant à pic. La simplicité du sujet exigerait peut-être une toile d'une plus petite dimension.

— *Crescenza à la prison de San Germano* a une grâce et une expression d'une touchante naïveté.

La pauvre enfant ! comme elle est pâle, maigre, négligée, mal vêtue : comme elle a pleuré ! Poussée par la misère et la faim, sa mère aura volé, peut-être. Les gendarmes l'ont prise et jetée dans une prison, où tous les jours Crescenza vient la voir et l'embrasser à travers les barreaux.... et c'est tout.... Avec cela, M. Hébert a fait un tableau qu'il est difficile de regarder sans attendrissement.

— Dans les *Arabes à la fontaine* de M. de Valdrome, le paysage est chaud de ton et accuse un grand sentiment de couleur locale; seulement les personnages sont trop lâchés et ont la roideur et l'immobilité de statues à peine dégrossies.

Parmi les paysages qui nous ont plus particulièrement frappé, et qui tous se recommandent par de rares et précieuses qualités, nous citerons un très-beau paysage breton de Jules Noël ; un *Sentier dans les bois*, traité d'une manière franche et large, par M. Louis Leroy ; les *Environs du Caire*, de M. Beschère ; un *Bois*, de M. Legentil ; un *Herbage au bord de la mer*, de Desjobert ; les *Bords de la Seine*, par Lafaye ; un *Vallon*, par M. Leroux. Nous préférons surtout du même peintre un *Ruisseau dormant sous de grands arbres*, dont les branches emmêlées forment une voûte d'une fraîcheur délicieuse.

Une *Mare au bord de la mer*, par M. Daubigny, est plutôt une ébauche qu'une toile terminée ; son *Écluse dans la vallée d'Obtevez* est très-franche de manière et vigoureuse de ton.

A travers les branches longues et maigres des saules et des peupliers, le soleil rit dans le ruisseau tranquille et transparent comme une glace, qui arrose *un pré à Valmondoir* par le même peintre.

Les *Bords d'un étang*, par Bodenc : les masses sombres des chênes se découpent sur un ciel bien éclairé ; une *Matinée*, de M. Achard ; une *Habitation normande*, de M. Desjobert ; un *Effet du matin dans les environs de Noyon*, par M. Prou ; le *Soleil levant*, de M. Kearn ; un *Coucher de soleil* vu par M. Véron à travers les troncs centenaires des grands chênes de la forêt de Fontainebleau.

Nous n'aimons pas beaucoup le faire mou, vague et indécis de M. A. Leleux. Les *Jeunes pâtres conduisant leurs bêtes au pâturage* sont, de toutes ses toiles, celle qui nous a paru préférable.

— M. Millet nous a semblé, cette année, moins

heureux qu'aux Expositions précédentes. Son *Paysan greffant un arbre* a l'air d'un automate à peine dégrossi à coups de hache. La femme est beaucoup mieux, elle est taillée avec un couteau.

— La *Réflexion*, par M. Motet, est trop vraie et trop étudiée pour n'être pas un excellent portrait.

— Sous le titre : les *Souvenirs du passé*, M. Célestin Nanteuil a exposé une des idées les plus ingénieuses et les plus spirituelles du Salon.

Un vieillard d'une soixantaine d'années, le coude sur les genoux, le menton dans la main, tourmente avec ses pinces deux tisons qui brûlent nez à nez dans la triste et froide cheminée d'une pauvre masure aux solives noircies, aux murailles nues et enfumées, pendant que son dîner cuit dans une grande marmite en terre, que son chien dort à ses pieds, le museau sur ses pattes allongées.

Le passé de ce vieillard se déroule en scènes dramatiques.

Tombé au sort à vingt ans, nous le voyons un peu plus tard, sous l'uniforme de cuirassier, égorger et sabrer au milieu d'un nuage de poudre.

Plus tard, sa vie est accidentée par toutes les passions qui affligent notre pauvre humanité : un groupe de jeunes filles trompées et délaissées; un rival tué en duel; une jeune mère meurt en serrant son enfant dans ses bras : une autre mère abandonnée tend en suppliant son enfant vers lui : — une jeune fille pleure sa honte, la figure cachée dans les deux mains, aux genoux de sa mère, pauvre vieille qui file sa quenouille, en fixant sur son séducteur un regard fixe et irrité: toutes ces scènes, largement indiquées nous retracent les divers épisodes de sa vie amoureuse. Plus tard, ruiné par les femmes et par le jeu, il s'embarque, fait naufrage et se sauve à la nage sur un débris de son navire.

Tous ces souvenirs pénibles se pressent sous les plis de son front douloureusement contracté.

Le fusil de chasse déposé au coin de la cheminée; les guêtres de cuir serrant le bas d'un pantalon usé et rapiécé; une mauvaise veste bleue, à manches et collet de velours noir passé; deux bouquins dépareillés, au milieu d'une vaisselle de poteries communes, nous montrent, pour dénoûment d'une vie follement agitée, la pauvreté, l'isolement et les remords...

— Une *Vision de Charles IX* a inspiré à M. Henry Scheffer une scène d'un grand intérêt dramatique.

D'une pâleur livide, le front couvert d'une sueur glacée, l'œil hagard, désespéré, le roi Charles IX vient de tomber dans une des salles du Louvre : une de ses mains crispées déchire, en s'y cramponnant, la tenture fleurdelisée, et l'autre, armée du crucifix, repousse les pâles fantômes des malheureux qu'il a fait égorger dans la nuit de la Saint-Barthélemy.

L'histoire de notre pays est souvent d'une injustice et d'une partialité révoltantes. Ainsi, pour une tuerie qui n'a duré qu'une seule nuit, l'histoire a flétri Charles IX, son nom a mis une tache de sang et de boue au front resplendissant de la royauté : et malgré les dragonnades des Cévennes, le pillage et l'incendie du Palatinat, la postérité a élevé des statues de marbre et de bronze au roi Louis XIV, et l'histoire lui a décerné le titre pompeux du plus grand des rois !...

Pour apprécier convenablement le talent d'un peintre, il serait indispensable d'étudier successivement chacune de ses toiles, de les comparer entre elles et de constater ses progrès ou ses défaillances : par malheur, la classification adoptée par la commission des beaux-arts nous a rendu cette tâche à peu près impossible : il faudrait des recherches de plusieurs journées pour retrouver les divers tableaux d'un même peintre, disséminés çà et là, au hasard, dans les galeries et les salons de l'Exposition. Ainsi la critique de quelques lignes que nous avons faite d'une *Vue prise aux environs de Naples*, nous a rendu, sans le vouloir, injuste envers M. Bellel. Sa *Fuite en Égypte*, que nous trouvons aujourd'hui, nous paraît avoir de grandes qualités. Les terrains du premier plan sont solides et bien étudiés ; le paysage a de la profondeur, l'ensemble est harmonieux ; seulement nous le voudrions baigné d'une atmosphère plus chaude.

L'observation que nous faisons à propos de M. Bellel pourrait s'appliquer à tous les artistes d'un ordre secondaire : ainsi tout l'avantage reste aux maîtres, dont les œuvres sont groupées avec art et arrangées de manière à former un ensemble harmonieux.

Dans le *Camp d'Ambleteuse*, M. Jeanron a indiqué deux troupiers faisant l'aumône à une mendiante chargée de deux enfants. Plus loin, d'autres troupiers causent assis derrière les tentes du camp que l'on voit sur le troisième plan. Cette toile a des qualités incontestables : le ciel est chaud ; les tons rougeâtres du sable sont bien rendus ; mais il me semble que le sujet gagnerait à être réduit à des proportions plus exiguës.

Les costumes de ses *Bergers bretons* ont bien pu être achetés à Quimper ou à Rosporden ; mais vous courrez les cinq départements de la Bretagne avant de rencontrer rien qui ressemble à une de ces physionomies.

Je ne connais, à vrai dire, que deux peintres qui aient bien compris la physionomie du Berzonneck et l'aient réellement rendue : ce sont MM. Luminais et Penguilly.

Le premier a exposé trois tableaux : la *Leçon de plain-chant*, le *Grand Carillon*, et les *Dénicheurs d'oiseaux de mer*, qui, tous trois, ont un grand cachet de vérité.

Dans le premier, un jeune Berzonneck, grimpé sur un rocher, déniche des oiseaux de mer et les place dans un panier que lui tend une petite fille; à côté, un pêcheur d'une douzaine d'années est assis les jambes nues et pendantes; une jeune fille du même âge donne des sardines à une nichée de mouettes. Le ciel est pointillé par un nuage épais de mouettes et de courlis volant autour des acteurs impassibles de cette petite scène d'un naturel charmant. Les costumes et les physionomies sont vrais et très-bien observés.

M. Penguilly, lui aussi, a très-bien compris et habilement rendu la physionomie particulière et tout exceptionnelle du Berzonneck.

Les deux *Binious bretons* sont une petite scène d'une simplicité armoricaine: sur les bords de la mer, le long d'un étroit sentier semé de galets, un maître sonneur donne des leçons à son élève. De longues mèches de cheveux roides et plates s'échappent d'un petit chapeau de feutre rond enrubané et orné de chenilles et d'agréments en plomb, et tombent sur un *chupen* gris bordé de soie brune. Une large ceinture en cuir à boucle de cuivre presse un *corph-gileten* de tiretaine brune; mal tenu sur les hanches et laissant voir la chemise, son *bragoubras* de toile blanche se boutonne aux jarrets sur de longues guêtres de toile blanche brodées de coton rouge.

Le vêtement de l'élève est en drap bleu avec broderies et agréments en soie rouge. Ce petit tableau, d'une grande vérité locale, nous a paru le meilleur des cinq exposés par M. Penguilly.

La *Fin de l'hiver* est un très-beau paysage de M. Français : le soleil, qui se couche à l'horizon, rouge et déjà chaud, à travers les squelettes des branches dépouillées, est d'un effet admirable. Son *Paysan battant sa faux*, assis sur une roche au milieu d'un champ de blé mûr, est aussi d'une grande vérité de couleur et d'observation.

Citons en passant les *Châtaigniers d'Aulnay*, de M. Cibot; les *Bords de la Vienne*, et le *Bois* près Saint-Hilaire-le-Château, de M. Jules André.

Sur le premier plan, formé de madriers solidement reliés entre eux, une douzaine d'hommes dirigent un long *Train de bois descendant le Rhin*, les uns penchés sur les rames, les autres, la poitrine labourée par de longues perches enfoncées dans la vase.

Les personnages sont bien jetés, les mouvements naturels ; l'eau du Rhin, légèrement clapoteuse, a de la transparence ; le ciel, lourd, noir et gris, donne à cette scène un ensemble harmonieux et tranquille : seulement les vêtements de toile blanche des bateliers attirent un peu trop l'œil ; je les voudrais un peu plus fondus dans la dernière teinte : en somme, ce tableau

8

de M. Brion est d'une grande vérité de couleur et de mouvement.

Un *Jour de Fête-Dieu*, du même peintre, gagnerait beaucoup, ce me semble, à être éclairé par un chaud rayon de soleil.

Des enfants, très-gracieusement groupés, couronnent de bluets, de marguerites, de myosotis et de coquelicots un Christ en pierre élevé au milieu des champs. Cette petite toile est d'un effet agréable. Nous aimons moins la *Source miraculeuse*, dont le faire nous a paru un peu mou et lâché.

Décidément M. Glaize paraît avoir une grande préférence pour les allégories. Sur le premier plan, un jeune homme, le bras arrondi autour de la taille d'une jeune fille, lui montre *Ce qu'on voit à vingt ans*. Des femmes, diversement groupées de l'autre côté d'une rivière, symbolisent le temps à parcourir. Je crois me souvenir, en effet, qu'à vingt ans un jeune homme voit dans le lointain de ses rêves des groupes charmants de jeunes filles peu ou point vêtues, tourbillonner sur les gazons verts, à l'ombre, au bord des ruisseaux... Mais il n'y a rien qui puisse séduire ou intéresser bien vivement l'imagination d'une jeune fille de vingt ans.

Pour nous, du moins, cette idée manque de clarté.

Les *Rives de la Seine avec ses endiguements près*

de Villequier, par M. Hostein, est un très-beau paysage, qui, pour le fini et le rendu des détails, se rapproche beaucoup de la manière des peintres anglais.

Le rocher du premier plan, couvert de mousse, hérissé de ronces et panaché de taillis, est d'un joli effet. On voit trembler les feuilles de hêtres et de peupliers, légèrement découpés sur le ciel bleu.

Un autre tableau, que l'on a aussi placé dans le prolongement de la galerie conservée à la Grande-Bretagne, parce qu'il se rapproche beaucoup de la manière anglaise, c'est *Érasme chez sir Thomas Morus*. Les étoffes, les bahuts, les boiseries, les tentures en cuir de Cordoue, le bahut de chêne sculpté, recouvert de sa touaille garnie d'une large dentelle, les coffrets à fermeture d'acier poli, les vases d'or et d'ivoire sculptés et fouillés, sont rendus avec un soin, une patience et une habileté que l'on rencontre rarement chez nos artistes, qui sacrifient volontiers les accessoires sous prétexte de concentrer l'intérêt de la scène sur les personnages.

Ici l'intérêt est nul, ou peu s'en faut.

Le profil d'Érasme se détache avec la netteté de la gravure d'Holbein sur les rideaux de soie rouge frangés d'or qui laissent voir, en s'écartant, la fenêtre à petites losanges encadrées de plomb. La femme de Thomas Morus est accoudée sur le fauteuil de son mari ; le père

et l'enfant ont l'air d'écouter la lecture de cette amplifi-
cation latine avec plus de politesse que de satisfaction.

— M. Philippoteaux, en groupant avec une certaine
coquetterie quelques uniformes galonnés de gardes-fran-
çaises, un affût de canon et des planches déchirées par
les boulets, ne nous donne qu'une idée faible et incom-
plète du *Champ de bataille de Fontenoy* visité la nuit
par le roi Louis XV. La lueur rouge des torches, la
teinte verdâtre projetée par la lune à moitié cachée
dans les nuages, ont un caractère plus romanesque que
lugubre et imposant.

M. Yvon a mieux compris et admirablement rendu
un des épisodes terribles de la retraite de Russie.

« Ney, que tout abandonne, n'abandonne pas son
poste ; il ramasse un fusil et redevient soldat. Il combat à la tête de trente hommes, reculant et ne fuyant
pas, marchant après tous les autres, soutenant jusqu'au dernier moment l'honneur de nos armes, et,
pour la centième fois, depuis quarante jours et quarante nuits, risquant sa vie et sa liberté pour sauver
quelques Français de plus... »

Moscou brûle dans le lointain ; un tombereau brisé,
des casques, des fusils, des cadavres roidis à moitié
recouverts par la neige annoncent une halte la nuit
dans la neige.

Une mère épuisée de fatigue presse contre son sein

ses deux enfants mourants de faim et de froid, et tend des bras suppliants vers une lourde charrette pleine de femmes et de blessés qui se fraye lentement un passage à travers les plaines couvertes de neige, emporportant sa dernière espérance.

Un vieux grenadier tombe en se roidissant dans une convulsion désespérée, à côté d'un cuirassier qui attend la mort enveloppé dans son manteau.

En face, le maréchal Ney, à la tête d'un groupe de trente soldats de toutes armes, affublés de costumes et de travestissements qui seraient grotesques s'ils n'étaient sublimes, repousse un détachement de Cosaques qui fond sur eux à bride abattue.

Cette toile, d'une brosse large, vigoureuse et vraie jusqu'à la brutalité, rappelle les horreurs déchirantes du *Naufrage de la Méduse*.

Oh! la guerre!

La guerre : le massacre, la tuerie de sang-froid, sans la vengeance, sans la haine ou la colère aveugle pour en dissimuler l'horreur.

Un homme tombe : ses camarades l'enlèvent; la tombe le recouvre et tout est dit... Non pas... Sa famille l'attend, le pleure et souffre longtemps.

Que d'amours, de soins, de caresses et d'espérances se sont posés pendant vingt ans sur la tête la plus obscure!

8.

Cent mille hommes, un million d'hommes, s'égorgent sans se connaître, sans savoir pourquoi ils s'entre-tuent...

Que produira la terre arrosée de tout ce sang si jeune, si précieux ?...

Des toiles peintes, des statues de marbre ou de bronze, et quelques pages glorieuses dans notre histoire...

Nous avons revu avec un plaisir infini une délicieuse petite toile de M. Cibot, déjà cité à propos de ses *Châtaigniers d'Aulnay* : cela s'appelle les *Beignets*, un titre charmant. Tout le dix-huitième siècle dans une toile de quelques centimètres carrés ; c'est merveilleux !

Il y a plusieurs manières d'écrire l'histoire : les écrivains sérieux nous racontent les intrigues politiques, les traités diplomatiques, les batailles, la naissance, le mariage et le décès des princes. Les mémoires ont le grave inconvénient de nous offrir une personnalité qui se fait le centre du mouvement social, s'attribue les mots heureux, les aventures les plus charmantes, et une importance exagérée le plus souvent jusqu'au ridicule.

Je ne connais que deux hommes qui aient bien

compris et spirituellement écrit l'histoire du dix-huitième siècle : c'est Boucher et M. Cibot.

Ce qui fait du dix-huitième siècle une époque tout à fait exceptionnelle, ce qui lui donne un cachet particulier, c'est l'esprit. On aime, on mange, on cause et l'on s'habille avec esprit.

Le plaisir devient la seule chose sérieuse de la vie : on s'y jette avec frénésie, on le poursuit partout : la vie est si courte ! On l'effeuille en courant, en riant.

L'amour est un ridicule, la débauche devient de la galanterie. Le vice est du meilleur goût et s'affiche avec une nonchalance, un laisser aller admirable;

L'amitié, une causerie de quelques instants, qui se termine par une raillerie ou un coup d'épée;

Le bruit, le luxe, les équipages, le jeu, la chasse, les dentelles et les diamants, les bons mots et les aventures scandaleuses : voilà les grandes affaires.

Tous ces gentilshommes ignorants et spirituels, insolents et polis, pauvres et d'une prodigalité folle, mettent leurs plus beaux habits, leurs plus riches dentelles le matin d'un duel ou d'une grande bataille.

Que d'histoires adorables à écrire avec le pinceau !

Les *Beignets* de M. Cibot nous font mieux connaître le dix-huitième siècle que les curieux gros volumes d'histoire.

La scène se passe un matin, je ne sais où, dans un boudoir de Trianon, de Choisy, de Sceaux ou de l'île Adam.

Louis XV, debout, accoudé sur une cheminée de marbre blanc veiné, rehaussée d'agréments de cuivre doré, offre un plat de beignets à mademoiselle d'Humières. La jeune fille, assise sur le bord d'un grand fauteuil de tapisserie, repousse doucement le bras tendu vers elle, en fixant sur son royal amant un long regard d'une tendresse infinie.

A côté, debout aussi, légèrement appuyée sur un écran, une dame d'âge et de figure respectables, qui joue dans cette scène le rôle sacrifié de madame de Maintenon auprès de madame de Montespan, tient pour contenance les poésies de Dorat ou du chevalier de Boufflers ; mais son œil, glissant sur les pages du livre, va se perdre dans une vague rêverie qui lui rappelle des souvenirs doux et tristes à la fois.

Pour l'observateur vulgaire, c'est tout ; mais, pour celui qui sait voir et regarder, que de choses dans cette scène à trois personnages, dans l'air distrait et préoccupé de l'amant, dans la pâleur charmante de la jeune fille, dans ce corset de satin qui s'entr'ouvre comme une rose au soleil, dans ce fichu négligemment jeté sur les épaules, et qui n'a plus, hélas ! de mystères pour l'amant heureux !... Que de grâce et de

coquetterie dans les moindres détails! Avec quel art
tout est disposé pour la lecture de ce joli roman du
cœur, dont le dernier chapitre ne s'achève jamais sans
être mouillé d'une larme de regret !

Quel nid délicieux pour abriter les amours !

Le boudoir est de forme circulaire, voûté en calotte.
Au fond un tableau peint par Pierre représente Hercule dans les bras de Morphée éveillé par l'Amour.

Les murs sont de glaces, recouvertes de gaze d'un
rose tendre, jointes par des arbres dorés, massés,
sculptés et fouillés avec une légèreté admirable, et
servant d'encadrement à des sujets galants exécutés
par Hallé, sur les dessins de Gilot.

Un lit de repos, à crépines de soie verte et or, est
mystérieusement abrité dans le demi-jour d'un cintre
dont le pourtour et le plafond sont tendus de glaces.

Le parquet est de bois de rose, à compartiments ;
les lambris et les dessus de porte sont chargés de
fleurs, de fruits, de groupes amoureux et de colom-
bes qui se becquettent, au milieu de guirlandes et de
médaillons, dans lesquels Boucher a peint en camaïeux
de petits sujets galants.

En face de la porte, une toilette d'argent ciselée par
Germain, noyée dans un nuage de mousseline des
Indes, brodée et ornée de glands en chaînettes, de jo-

lis bronzes, des porcelaines de Chine, de Saxe et du Japon, sont placés avec un goût exquis sur des tables de marbre en console, placées au-dessous des glaces.

Des fleurs baignées encore de la rosée du matin s'épanouissent dans des jattes de porcelaine gris-bleu rehaussées d'or.

Par la fenêtre donnant sur les jardins, on voit dans le lointain les lilas de Perse, les roses de Bengale, des statues de Flore et Pomone, et tout au fond, dans les demi-teintes, des ifs taillés en massifs, et un berceau de tilleuls rangés et amputés avec une inflexible symétrie. Que de souvenirs gracieux pourtant M. Cibot nous a rappelés, à propos d'une assiettée de beignets!

DÉCRET DÉTERMINANT LES RÉCOMPENSES A DÉCERNER A
LA SUITE DE L'EXPOSITION UNIVERSELLE DE 1855.

Dispositions spéciales relatives aux beaux-arts.

Art. 11. Les récompenses à décerner par les trois
classes du jury des beaux-arts sont les suivantes :

1° Médaille de 1re classe, en or;
2° Médaille de 2e classe, en or;
3° Médaille de 3e classe, en or;
4° Mention honorable.

Art. 12. En outre des récompenses énoncées en
l'article 11 ci-dessus, il pourra être décerné, dans chacune des trois classes des beaux-arts, aux artistes qui
se seront fait remarquer par des ouvrages d'un mérite éclatant, une grande médaille d'honneur de la
valeur de cinq mille francs.

Les grandes médailles d'honneur ne pourront être
décernées que par l'assemblée générale des membres
composant les trois classes du jury des beaux-arts.

Art. 13. Le nombre des médailles d'honneur et celui des médailles à décerner par chaque classe du
jury des beaux-arts seront déterminés par le président
de la commission impériale, sur la proposition du pré-

sident du huitième groupe, après discussion en assemblée générale des membres des trois classes le composant.

Art. 14. La valeur totale des récompenses à décerner par les trois classes du jury des beaux-arts pourra s'élever à la somme de cent cinquante mille francs.

Art. 15. Indépendamment des récompenses à décerner par les trois classes du jury des beaux-arts, nous nous réservons, sur la recommandation de l'assemblée générale des jurés des trois classes, d'accorder des marques spéciales de gratitude publique aux artistes exposants qui nous seront signalés pour leur mérite hors ligne ou pour de grands services rendus aux arts.

SOUS PRESSE

LA TROISIÈME LIVRAISON.

Peinture étrangère. — Sculpture. — Gravure. — Aquarelle, etc.

REVUE

DE

L'EXPOSITION UNIVERSELLE

BEAUX-ARTS ÉTRANGERS

ÉCOLE ANGLAISE.

I

Je l'avoue en toute humilité : en entrant dans la galerie du palais des Beaux-Arts, exclusivement consacrée à l'exhibition des peintures de la Grande-Bretagne, je

m'étais résigné à subir des grincements de tous faux
et criards, à voir des accouplements féroces de couleurs
impossibles...

Il est parfaitement établi en France que les Anglais
sont dépourvus de tout sentiment artistique : l'école
anglaise, — quelle plaisanterie ! — le goût anglais,
— quelle horreur ! Ce n'est pas le mérite d'une toile
qui les séduit, ils sont incapables de le sentir ou de
l'apprécier; c'est un nom célèbre qu'ils achètent... ce
qu'ils payent au poids de l'or, c'est la satisfaction de
pouvoir exhiber un gros capital improductif...

Les plus indulgents parmi nous reconnaissent tout
au plus que les Anglais sont un peuple intelligent et
positif par-dessus toutes choses : ne voyant dans la peinture qu'un art d'agrément, une chose de luxe, une
fantaisie de gentleman dont la richesse seule a le droit
de se donner la douce satisfaction...

Le comfort de la maison d'abord, puis la cave et la
table; viennent ensuite les chevaux et la meute;
plus tard, les voyages ; enfin, quand les désirs sont sa-
tisfaits, que le cottage, encadré de grands arbres, se
dresse frais et propre dans un massif de fleurs, que de
jolis enfants blancs, blonds et roses, se roulent dans
l'herbe des prés, ou sur le sable fin des allées : en un
mot, quand le présent est heureux et l'avenir souriant,
l'Anglais songe alors à acheter des tableaux qu'il enca-
dre dans l'or et la soie de ses appartements.

Certes, il ne faut pas chercher en Angleterre ces grandes machines bibliques, catholiques, historiques, philosophiques et allégoriques, qui tapissent les murailles de nos musées, et ouvrent à leurs auteurs les portes de l'Académie et de l'Institut.

Il n'y a pas en Angleterre une direction des Beaux-Arts commandant des tableaux pour les palais, les musées, les églises et les édifices publics : la réforme a chassé des temples les tableaux, les statues, les châsses dorées, les vases d'or et d'argent, les riches étoffes, tous les ornements et la pompe du culte catholique. Aussi, excepté quelques peintures officielles commandées à MM. Ward, Leslie et Maclise, l'exposition anglaise se compose exclusivement de tableaux de genre de petite dimension. C'est un grand malheur, sans doute, mais qu'y faire? La première condition du talent n'est-elle pas l'individualité, l'originalité? et, à part les paysagistes, qui, depuis quelques années seulement, se sont enfin résignés à l'étude de la nature, les peintres français, allemands, italiens et espagnols ont-ils fait autre chose que de reproduire, que d'imiter plus ou moins fidèlement, depuis trois siècles, les procédés, la couleur, la manière des premiers grands maîtres?

L'école anglaise n'a voulu rien devoir, rien emprunter à personne; ce qui la distingue, c'est une franche originalité; l'invention, le dessin, la couleur, la touche, le goût, le sentiment, tout diffère. L'art anglais ne remonte pas au delà d'une dizaine d'années, il est l'expression la plus vraie, la plus heureuse, la plus complète de nos goûts, de nos habitudes, de notre civilisation.

Qu'est-ce qu'un tableau, sinon la traduction, la reproduction de nos joies, de nos douleurs, de nos passions?... Un souvenir encadré de nos lectures favorites, de nos rêveries, de nos promenades sur la mousse des bois ou sur l'herbe des prés.

Un tableau, c'est une lecture ou une promenade dans un fauteuil; c'est le sourire du printemps en fleurs pendant que le givre et la neige dessinent leurs arabesques fantastiques sur les fenêtres fermées de nos appartements; c'est un ami fidèle, vivant de notre vie, et dont la justice ou la mort peuvent seules nous séparer; aussi, il faut voir avec quel soin minutieux, avec quelle patience infatigable, avec quelle coquetterie charmante, les artistes anglais ont étudié et rendu les ombres transparentes, les reflets argentés des étoffes, le sentiment et l'expression des physionomies.

Si leurs tableaux d'histoire proprement dits, leurs peintures officielles, sont des enluminures roides et grotesques, au moins pour la plupart; en revanche, leurs tableaux de genre, de fantaisie, d'intérieur, de paysage, de marine, d'animaux, sont des petits chefs-d'œuvre d'esprit, de grâce, de finesse, d'une supériorité incontestable.

II.

MM. MACLISE — PATTEN — WARD — KNIGHT, ETC.

Si déjà, à l'heure où nous écrivons, l'école anglaise a conquis les sympathies du public français, elle ne doit certainement pas cette faveur à ses peintures historiques. Par une respectueuse déférence pour la gravité académique, un peu aussi pour ne plus avoir à nous en occuper, nous allons procéder à un examen sommaire de ces toiles redoutables.

M. Maclise, qui jouit d'une grande réputation de l'autre côté du détroit, a exposé deux toiles, qui, pour le style, la grandeur des personnages et la largeur de l'exécution, rentrent dans cette classe que l'on est convenu d'appeler « Peinture d'histoire. »

La première, le *Manoir du baron, Fête de Noël dans le bon vieux temps,* nous donne une singulière idée des goûts de l'Académie de peinture de Londres.

Au premier plan, les tenanciers, les vassaux et les domestiques du baron, largement repus, se livrent à tous les transports de la joie la plus folle, la plus fantasque et la plus extravagante. Le vieux Noël à la longue barbe blanche, couronné de gui et de houx, attaque résolûment un immense bol de punch sur lequel nagent des rondelles de citron découpé. Un autre écarte les mâchoires d'un masque renversé et lui ingurgite un immense pichet plein de claret ou de porto. Un clown, les bras derrière le dos, fait tenir en équilibre une plume de paon sur le bord de son nez; — à côté, un magicien au bonnet pointu, en longue robe constellée, prédit l'avenir à qui ne veut pas l'entendre. — Sous le manteau de la cheminée où brûle la bûche de Noël, un groupe de vieillards, hommes et femmes, causent, mangent et boivent le plus tranquillement du monde, indifférents au tapage assourdissant qui éclate autour d'eux. Sur le devant de la toile, un page enrubanné joue au furet et à la savate au milieu d'un cercle de belles jeunes filles avec leurs amoureux.

Assis au fond de la salle, le baron, entouré de sa nombreuse famille, jette un regard de bienveillante protection sur la foule des manants qui s'ébaudit à ses pieds.

Le festin du maître va commencer :

Le grand maître des cérémonies, dans un costume bariolé impossible à décrire, ouvre gravement la marche, tenant en main une longue branche de houx.

Derrière, le chef en culotte rouge avec une écharpe verte, précédé de deux pages de satin blanc, apporte d'un air triomphant une hure monstrueuse de sanglier couronnée de plantes aromatiques. Derrière, le maître piqueur, l'écuyer tranchant, suivis de musiciens, escortent le roastbeef national accompagné d'un pudding monumental.

Tous les personnages sont groupés avec esprit, bien dessinés; la pantomime est expressive. Il y a du mouvement, de la verve vraie et bien sentie, et même un certain entrain. Il ne faut pas chercher les allures fougueuses, la passion brutale des kermesses de Rubens ou de Téniers : nous sommes en Angleterre, où le rire le plus franc est toujours un peu sérieux. Les manants et les tenanciers ont de la tenue dans l'ivresse, une grande élégance de formes et de maintien, ces physionomies aristocratiques ne seront jamais violacées ou couperosées par le punch, le gin ou le brandy. Les fermières sont des beautés de Keepsake, aux longues spirales cendrées, riant la bouche en cœur... c'est de la gaieté anglaise, nous n'avons rien à dire; mais la couleur! quel mépris sublime de toute harmonie! quel goût indépendant! ici du bleu, là du rouge, du jaune, du vert ou du violet, posé brutalement sans demi-teinte, sans ombres projetées, comme dans les images enluminées de la rue Saint-Jacques... cela vous fâche, vous irrite, vous agace... tant pis! Il faut être de l'Académie de Londres pour admirer ces choses-là.

L'*Épreuve du toucher*, de M. Maclise, est la mise en scène d'une ancienne coutume saxonne. Quand un meurtre avait été commis, on réunissait tous les habitants des environs, chacun venait, à son tour, toucher de la main le cadavre exposé, et l'on croyait qu'au contact de l'assassin les lèvres de la plaie se rouvraient

9.

pour l'accuser. L'épreuve était accompagnée de formalités religieuses qui donnaient à cette scène une imposante solennité.

Maintenant, vous voyez d'ici le tableau de M. Maclise, c'est un lever de rideau de mélodrame au cinquième acte.

Au pied de l'autel, un cadavre roide et pâle, à moitié nu, est allongé sur une civière : à sa tête, un évêque à longue barbe blanche lisant le formulaire; — à ses pieds, une femme vêtue de noir, la veuve de la victime sans doute, lève les yeux au ciel et dénonce, de la main étendue, le meurtrier, qui, le pied sur la première marche de l'autel, courbe la tête et se détourne, poussé par un mouvement involontaire.

Puis, autour des quatre personnages principaux, des groupes de femmes, d'enfants et de paysans avec des expressions et des poses habilement variées.

Ici encore, nous retrouvons les qualités de M. Maclise. — Les attitudes et les expressions, quoique un peu exagérées et forcées, sont vraies; les personnages, bien en scène, écoutent, regardent et attendent l'épreuve décisive, il y a un grand effet théâtral : tous les détails, broderies, chasubles, encensoirs, missels, étoffes et broderies, sont finement étudiés et admirablement rendus.

La couleur est toujours aussi franchement mauvaise; cependant ici les tons sont moins crus, moins violents,

une nuance terne, une lumière blafarde est uniformément répandue sur tous les personnages ; mais après
quelques moments d'examen, les nerfs se crispent,
les dents grincent... on se croirait au milieu de cinquante musiciens jouant chacun un air différent...
goddem !

Le *Tueur de loups*, de M. Ansdell, est une des
premières toiles qui attirent les regards en entrant
dans la galerie anglaise.

Deux grands lévriers d'Écosse aux longs poils rudes,
et gris, étranglent un loup, pendant que leur maître,
robuste gaillard taillé en hercule, le torse nu jusqu'à la
ceinture, le dos mamelonné de muscles vigoureux,
étreint de la main gauche la gorge d'un second loup,
et de la droite s'apprête à lui briser les reins avec une
hache ébréchée et déjà tachée de sang.

Il y a dans ce tableau une science anatomique, une
vigueur de brosse et une fureur de mouvement que
nous ne retrouverons dans aucune composition anglaise.

Les *Bergers*, rassemblant leurs moutons dans la
vallée de Sligican, île de Sekye, et les *chiens* de berger
dirigeant des moutons, assurent à M. Ansdell un rang
distingué parmi les paysagistes : les moutons sont bien
étudiés, les terrains ont de la solidité et de la profondeur, et l'effet général est très-harmonieux.

Le *portrait de Paganini*, par M. Patten, est

une bonne peinture dans le goût italien. Le front élevé, le regard profond, le teint pâle et bistré de l'artiste, sont traités d'une manière large et puissante.

Nous aimons moins la *Descente du Dante en enfer*, *accompagné de Virgile*. Il ne supporte pas la plus légère comparaison avec le même sujet traité par M. Eugène Delacroix avec une supériorité incontestable. Cette toile a en outre le grand défaut d'être un pastiche des maîtres de l'école italienne.

Nous ne parlerons pas de l'*Exécution de Montrose*, de M. Ward. Les personnages sont roides, sans mouvement, sans vie; il n'y a nul intérêt dans cette toile, et, malgré les planches de l'échafaud, on ne comprend rien au drame sanglant qui va se dénouer.

Le *Dernier sommeil d'Argyl*, par le même, est exempt de ce mauvais goût britannique dont M. Maclise est une des plus franches expressions. La tête d'Argyl, bien posée sur l'oreiller, est d'un beau caractère et d'une grande placidité. Les membres reposent sans roideur, doucement affaissés par un profond sommeil.

La main droite, qui pend hors du lit en pleine lumière, les manchettes de dentelle, la bible, la large montre au verre convexe, les étoffes et les détails sont caressés avec cet amour patient et passionné qui caractérise les artistes anglais.

Mais l'homme en longue simarre rouge qui s'arrête

à contempler le sommeil de l'innocence, traduit les remords du criminel avec la grossièreté naïve d'un traître de mélodrame. Le linge de l'oreiller et des manchettes d'Argyl est d'une blancheur choquante que l'on s'explique difficilement malgré les premiers rayons du jour qui tombent sur le lit par la fenêtre de la prison.

La *Famille royale au Temple* est le même sujet reproduit avec quelques variantes. Louis XVI dort sur un canapé ; le Dauphin suspend ses jeux ; la reine et madame Élisabeth s'arrêtent à le contempler. Dans le fond, par une porte entr'ouverte, on aperçoit le savetier Simon jouant aux cartes avec des sans-culottes.

Cette scène manque absolument de l'intérêt qu'on espérait exciter. La tête molle, flasque et lourde de Louis XVI est loin d'offrir un grand caractère dramatique, et la tendresse de Marie-Antoinette pour son royal époux n'était pas excessive, si l'on en croit l'histoire.

Les *Naufrageurs* de M. Knight sont un roman en trois volumes de Fenimore Cooper, lu par une nuit d'hiver, à la lueur rouge d'une lanterne, dans le creux d'un rocher, sur les bords de la mer. Dans le premier volume, trois bandits ont attaché un falot à la tête d'un vieux cheval et lié ses jambes pour le forcer à imiter, en marchant, le tangage d'un navire. L'orage gronde, le ciel est noir, lourd et solide, on dirait une marmelade de suie et de tomates mélangées.

Au second volume, le navire signalé s'est brisé sur les récifs; on partage les dépouilles; un des chefs de la bande menace de casser d'un coup de pistolet la tête d'un nègre qui refuse de partager le sac d'écus qu'il serre dans sa main crispée. Un autre chef retire d'un coffre, des colliers, des bracelets, des bijoux, et les montre d'un air narquois au capitaine naufragé et à sa femme, placés sur le premier plan, les bras liés derrière le dos.

Dans le troisième volume, les bandits ripaillent et font bombance; mais la divine Providence ne laissera pas plus longtemps tant de crimes impunis, elle apparaît dans le lointain sous la forme de douaniers, et l'on emporte la consolation que le crime sera puni et la vertu récompensée.

Pour en finir avec les peintures historiques et académiques de la Grande-Bretagne, nous citerons pour mémoire : *Chaucer à la cour d'Edouard III*, de M. Bawn; *Richard Cœur-de-Lion pardonnant à Bertrand de Gordon*, de M. Cross; la *Bataille de Meance*, de M. Armitage.

III

MM. MILLAIS — HUNT.

Chez nous, par un sentiment touchant et respectueux de reconnaissance, tout peintre place au-dessous de son nom, sur le livret, le nom du maître dont il est l'élève; en cas d'oubli ou d'omission, l'observateur le moins attentif rétablit aisément la filiation et la parenté ; mais ici nous défierions volontiers l'amateur le plus érudit, le professeur le plus savant, de nous dire de quelle école, de quelle époque procèdent MM. Hunt et Millais.

Au premier coup d'œil, on est plus étonné que séduit ; tout d'abord on ne se rend pas bien compte de l'impression qui vous arrive... est-ce bon ou mauvais ? ravissant ou détestable?... on hésite... puis peu à peu l'on s'y fait, l'œil s'y habitue, et l'on se prend à aimer cette peinture qui tout à l'heure vous paraissait si excentrique, si baroque, si extravagante. Tout cela est tellement en dehors de ce que nous avons vu ou admiré jusqu'ici, que la description la plus longue, la plus patiente, serait impossible à en donner la plus légère idée à ceux qui n'ont pas vu les toiles de MM. Hunt et Millais. Et d'abord sont-ce des toiles, des papiers tendus ou des panneaux ? L'œil hésite et ne retrouve là aucun des procédés connus et pratiqués jusqu'ici, — ni empâtements, ni glacis, pas le plus léger coup de pinceau, — seulement le pointillé de la miniature soutenu de hachures imperceptibles.

Malgré cela, la manière est large, les couleurs franchement vertes, bleues ou violettes. L'artiste méprise l'harmonie des couleurs si facilement obtenue par l'emploi des demi-teintes : en un mot, ces tableaux sont, si je ne me trompe, la nature étudiée par le petit bout d'une lorgnette et reproduite avec un art, une habileté et des procédés inconnus jusqu'ici.

M. Hunt a exposé quatre tableaux : le premier, dans le goût mystique, ayant pour titre : la *Lumière du monde*, nous représente le Christ vêtu d'une dalmatique de brocart vert, cherchant à souper une lanterne à la main.

« Voici, je me tiens à la porte et je heurte; si quelqu'un entend ma voix et ouvre la porte, j'entrerai et je souperai avec lui et lui avec moi. »

Par un sentiment national, M. Hunt a donné à la *Lumière du monde* le type anglais le plus pur; sa barbe et ses cheveux fins et soyeux ont cette nuance blond anglais que nous nommons rouge en France; les nerfs zygomatiques et les sinus pituitaires de sa face futée et maigrelette nous rappellent les naïvetés enluminées des missels gothiques, et nous donnent une assez faible idée d'un Dieu qui a perdu sa nuit dans des recherches inutiles; mais les détails sont d'un fini inimaginable; on distingue les épines du chemin et l'on voit pendiller les gouttes de rosée aux feuilles dentelées des ronces.

L'expression, le mouvement et la couleur des *moutons égarés* est admirable; mais le gazon brossé, peigné et taillé en velours d'Utrecht, a des reflets violâtres un peu risqués. Le paysage manque de profondeur, les terrains ne fuient pas, et les arbres du second plan ressemblent à de petites houppes de soie verte plantées pour l'amusement d'enfants lilliputiens.

Nous aimons beaucoup moins le troisième tableau de M. Hunt, qui nous a paru une demi-concession à l'ancienne manière. *Claudio* et *Isabella* rappellent une scène de Shakespeare : adossée à l'angle d'une fenêtre ouverte sur le ciel bleu, Isabella, en costume de religieuse, les yeux au ciel, appuie ses deux mains sur le cœur de Claudio, qui soulève la chaîne rivée à sa jambe ; une prison n'est pas bien triste quand elle est visitée par l'amour, égayée par la musique, et parfumée par les bouffées odorantes du printemps fleuri.

Sa *Gorge de Hos-Noddyn*, pays de Galles, est un des plus charmants paysages qui se puissent imaginer. Éclairé par un rayon de soleil couchant, un ruisseau se tord comme un câble d'argent au milieu des rochers et vient se fondre dans une masse d'eau dormante d'une transparence adm... ble.

M. Millais a encore dépassé de beaucoup M. Hunt dans la voie du réalisme.

Je ne prétends nullement dire que les toiles de ces messieurs soient de tout point irréprochables — il s'en faut ! seulement nous leur devons des encouragements sincères, parce qu'ils sortent complétement de la routine et des procédés impitoyablement imités et reproduits depuis trois cent cinquante ans.

Il faut l'avouer, l'*Ophélie* de M. Millais a l'air d'une baby en porcelaine flottant sur une touffe de cresson fleuri. Aucune perspective; pour tout horizon, un tronc de saule jeté en travers.

C'est grotesque? — Point du tout... regardez quelque temps, et, sur cette toile, vous découvrirez un charmant bouquet dont les fleurs, les pétales, les pistils, sont reproduits avec un bonheur, une vérité incroyables. Sur le tronc fendillé du saule, à moitié caché sous un massif d'églantiers en fleurs, vous retrouverez les herbes sèches de l'année passée; les feuilles du saule n'ont ni la forme ni la couleur des feuilles de l'églantier. Avec un peu de patience, vous pourrez faire sur cette petite toile un cours de botanique à peu près complet.

Le *Retour de la colombe à l'arche* me semble une allégorie moderne dans le goût biblique. — Une jeune fille et une colombe s'enfuirent de l'arche un jour; toutes les deux rentrent en même temps, la colombe haletante et à tire-d'aile, — la jeune fille honteuse et pleurant son expérience, la tête cachée dans le sein de sa mère ou de sa sœur heureuse de pardonner et d'oublier le passé.

L'aînée, vêtue d'une robe verte, les cheveux pendants en longues mèches plates, est d'un type commun; mais sa physionomie rayonne d'une joie, d'une bonté, d'une douceur ineffables. La plus jeune, habillée d'une longue et chaste tunique violette, a des cheveux jaunes avec des teintes vertes. C'est un caprice de couleur assez singulier chez un peintre qui a traité un fouillis de paille et de foin avec un fini, un rendu, une vérité, à faire hésiter longtemps l'œil le plus exercé.

Jusqu'ici nous avons vu moins des œuvres irréprochables que des efforts hardis, une volonté ferme et courageuse de rompre carrément avec les procédés et les vieilles rengaînes des écoles de tous les pays: mais l'*Ordre d'élargissement* par le même peintre est ce que nous avons vu jusqu'à présent de plus complet, de plus admirablement vrai.

Arrêté pour quelque peccadille, un Highlander a été jeté en prison quelque part; vingt fois, cent fois peut-être, sa femme a essayé d'arriver jusqu'à lui, et toujours la malheureuse a été repoussée par une consigne impitoyable. Aujourd'hui, elle accourt radieuse, triomphante; la joue empourprée par la rapidité de la course, souriante d'orgueil et de mépris, elle tend dédaigneusement l'*ordre d'élargissement* au geôlier, qui, moitié par défiance, et moitié par dépit d'être forcé d'obéir à un ordre supérieur, flaire la signature et retourne le papier en tous sens. Le prisonnier, un bras en écharpe, appuie, avec un profond sentiment de reconnaissance, sa tête sur l'épaule de sa femme qui

lui apporte sa liberté. Debout à ses pieds, son chien
lui lèche les mains.

Dans les plis du plaid bleu de sa mère, dort un
charmant enfant bond, rose et frisé, dont la petite
main laisse échapper les primevères cueillies le long
du sentier en traversant les bois.

Cette petite scène fort simple est traduite avec un
soin, un bonheur, une vérité, dont il est impossible de
se former une idée quand on ne connaît que les procédés employés jusqu'ici.

Le troupier, à demi-coupé par la porte entre-bâillée,
vu à profil perdu, est vivant; le trousseau de clefs, le
brûle-gueule qui fume encore dans sa main, la ligne
perpendiculaire qui raye profondément sa joue rasée
depuis trois jours, son petit tricorne, bordé d'un large
galon blanc, incliné sur le sourcil gauche, son habit
rouge à parements bleus, ses buffleteries, ses guêtres,
sont traités et rendus, non avec ce poli léché qui
charme le goût douteux des amateurs superficiels,
mais avec une vérité profondément étudiée dans les
détails les plus minutieux et les plus intimes.

La jambe de l'enfant, vue en pleine lumière, est un
chef-d'œuvre; ce n'est pas cette chair molle, diaphane
et légèrement rosée des petits amours ou des enfants
Jésus : non, mais une bonne grosse jambe rougeaude,
ferme et chaudement colorée par l'air vif et pur des
montagnes d'Écosse.

Pour nous, cette toile de M. Millais a une grande
signification et une haute importance; elle établit
franchement, résolûment, une lutte corps à corps avec
la nature, elle ouvre à la peinture un horizon immense,
une voie nouvelle dans laquelle, bon gré mal gré, nos
artistes tôt ou tard seront forcés d'entrer.

IV

MM. LANCE — GILBERT — HOOKE — LESLIE.

Nous allons maintenant examiner des œuvres d'un
goût moins fortement épicé, mais qui cependant con-
servent encore un parfum de terroir très-prononcé.

Pour d'excellentes raisons, sans doute, M. Lance a oublié de nous dire dans quel village l'on rencontre des co-
quettes d'une si rare élégance de formes, d'une aussi
riche toilette. Un chapeau rond de feutre gris, avec une
garniture de rubans rouges, est gracieusement placé sur
de beaux cheveux qui retombent en écheveaux bruns
et brillantés; de ses épaules arrondies tombe un fichu
en point d'Angleterre; un surtout de soie couleur sau-
mon avec un semis de bouquets de roses est retroussé
sur un jupon de lampas bleu à larges fleurs matelas-
sées. Dans un panier passé à son bras, elle porte au
marché du beurre et des œufs à demi cachés sous une
serviette de fine toile d'une exquise propreté.

Les murailles de la chaumière, nues et jaunies par le temps, contrastent de la manière la plus heureuse avec l'élégance exagérée de la coquette.

Le livre d'église relié en maroquin rouge et doré sur tranche est placé sur un petit banc à côté d'un pot de terre vernissée. Les tuiles rouges sont lavées et cirées, les brindilles du balais n'ont pas une tache, et les ustensiles en fer-blanc, cerclés de cuivre, ont l'air de vases d'argent rehaussés d'or. On pourrait compter les points de dentelle, les piqûres de la jupe, les gerçures et les rugosités des tuiles.

Nous nous sommes attachés à indiquer tous ces détails d'une finesse, d'une patience et d'une vérité admirables, avec un soin puéril et minutieux, parce qu'ils se retrouvent chez tous les maîtres anglais et qu'ils sont un des signes les plus caractéristiques de leur manière. Les Anglais se distinguent autant par le fini des détails que par la profonde observation des physionomies et l'intelligence parfaite de la pantomime.

M. Lance a en outre exposé trois tableaux de nature morte : le singe *à la toque rouge*, le chou de Milan et les reflets satinés des plumes du canard sont rendus avec une patience admirable.

Personne, chez nous, pas même M. Saint-Jean, n'a traité les fruits comme M. Lance.

Le quatrième, intitulé : *La vie et la mort* — représente une belle carpe mordorée au museau rose, élevant au ciel un long regard désespéré ; — quatre œufs bleus de roussette dans un nid de mousse et d'herbes sèches. La vie est symbolisée par des poissons rouges dormant dans un bocal d'une limpidité incroyable, où se reflète l'image de M. Lance.

— *Une soirée calme* est un excellent paysage de M. Gilbert. — Le soleil couchant jette une large bande d'or sur de grands arbres aux masses d'un vert sombre qui se mirent dans les eaux dormantes d'une rivière. Le ciel est chaud, la vapeur qui monte de l'eau, la rosée qui perle sur les grandes herbes du bord, annoncent une délicieuse soirée d'été après une journée de chaleur accablante. Le paysage baigne dans une atmosphère tiède et lumineuse.

— Sous le titre poétique et charmant de *Venise comme on la rêve*, M. Hooke a peint six ladies roses et blondes, de gracieuses vignettes anglaises écoutant, sur un balcon de marbre blanc, la sérénade que leur donnent des jeunes gens en costume moyen âge, assis dans une barque amarrée aux lourds piliers toscans qui supportent le balcon. Un des magnifiques, debout sur la proue, se dresse sur la pointe des pieds pour atteindre une rose blanche que lui offre une jeune fille qui se penche vers lui.

Les tons du tableau manquent d'harmonie, sans être cependant d'une cacophonie trop discordante : le ciel, le marbre du balcon, l'eau de la lagune, les toilettes et les figures des personnages sont d'une fraîcheur qui donne le frisson. C'est peut-être là suriout ce qu'on rêve à Venise.

— Des quatre tableaux exposés par M. Leslie, deux ont particulièrement attiré notre attention. Le premier nous représente *Sancho Pança et la Duchesse.*

Sancho, gros, gras, chauve et rond, assis sur un tabouret de satin rouge à fleurs et à crépines d'or, la main gauche appuyée sur le genou, l'index droit allongé sur son gros nez camard, enfile l'interminable kyrielle de ses proverbes ; la duchesse, à demi-couchée sur une causeuse, l'écoute en souriant et en caressant d'une main distraite son king's charle endormi sur ses genoux.

La camarera mayor, renfrognée comme il sied à une personne investie de ses hautes fonctions, l'écoute debout, roide et empesée. Les femmes de la duchesse interrompent les citations par des éclats de rire flûtés et modulés en points d'orgue. Les riches étoffes de la duchesse, les lourdes tentures de lampas cramoisi, tous les détails, jusqu'au reflet miroitant des losanges de marbre noir et blanc du parquet, sont traités et rendus avec la finesse, le goût, la patience et l'habileté de main qui distinguent à un si haut degré les artistes anglais.

L'ensemble du tableau est moins satisfaisant, la couleur est loin d'être irréprochable; le manteau violet de la duchesse avec une doublure violette et la jupe de damas mordoré composent une toilette d'un goût au moins douteux. La jupe olive de la femme qui se baisse pour mieux entendre jure bien un peu sur les rideaux rouges. Mais, à la rigueur, ces légers défauts sont très-supportables dans un pays où l'on ne connaît guère le soleil que de réputation. Le défaut de sentiment des couleurs est plus sensible encore dans son *Vicaire de Wakefield;* mais nous sommes heureux de constater qu'il a complétement disparu dans l'*Oncle Tobie* et la *Veuve Wadman.*

Elle a beau se pencher sur son épaule, la jolie veuve Wadman, appuyer sur la manche de son habit son bras rond et charmant, il n'y entend nullement malice, le bon oncle Tobie; elle a beau presser son genou avec son genou, écarter du bout de ses doigts roses les longues paupières de son œil noir, il n'y voit rien... absolument rien dans cet œil qui le supplie d'un air si désappointé.

Cette toile est d'une franchise, d'une rondeur et d'un esprit charmants.

10

V

M. LANDSEER.

De tout temps, l'âme des bêtes a préoccupé et embarrassé les philosophes.

— Les animaux ont-ils une âme?

— Non.

— Prenez garde; vous accordez à la matière des qualités essentiellement immatérielles.

Il y a quelque mille ans, Aristote dit dans son Histoire des animaux :

— Ils ont leur caractère propre qui tient à l'espèce, par conséquent à l'organisation.

Le bœuf est lent, doux, patient et résigné.

Le sanglier, furieux, opiniâtre, indocile.

Le cerf, prudent et timide, comme les êtres sans défense.

Le loup est vigoureux, féroce, perfide.

Le chien, brave et intelligent, menace et mord, flatte et caresse. Il aboie pendant son sommeil, preuve qu'il rêve.

Or, qu'est-ce qu'un rêve, sinon la pensée, moins la volonté qui la dirige?

L'oie est connue pour sa décence et la dignité de sa

Les pigeons aiment sans cesse. — Les perdrix, les coqs, sont ardents. — Le corbeau, flegmatique.

Le chat, passant de longues heures à guetter une souris, fait preuve de patience et de raison ; tôt ou tard, la faim la forcera à sortir de son trou, se dit-il, et je la happerai au passage.

L'araignée se livre à une série d'occupations qui prouvent une grande lucidité de pensées. Pour former sa toile, elle commence par tendre de tous côtés des fils aux divers points qui la termineront ; puis, du centre, qu'elle sait fort bien prendre, elle établit la chaîne d'abord, la trame ensuite.

Elle a un endroit réservé où elle dépose son nid et le produit de sa chasse ; un lieu caché où elle se tient aux aguets ; une mouche se prend, les vibrations de sa toile l'avertissent : elle accourt, lie sa proie, l'entoure de fils comme un cocon, l'enlève et la transporte à son quartier général.

Et la mouche, a-t-elle compris la mort qui la menace ? Écoutez comme elle crie... regardez comme elle se débat dans une lutte impossible...

Si l'araignée a faim, elle suce le sang de sa victime ; si elle est rassasiée, elle commence par réparer les fils de sa toile endommagée, emporte son gibier et recommence la chasse... Concluez...

— C'est de l'instinct.

— Qu'est-ce que l'instinct ?

— L'instinct est un mouvement nerveux ou organique indépendant de la volonté de l'individu. Les animaux observés, l'araignée dont nous parlions tout à l'heure, montrent-ils une volonté?

— Vous accorderez donc aux animaux de l'intelligence?

— Pourquoi pas? Qu'est-ce que l'intelligence, sinon une volonté sentie et motivée.

Comme l'instinct, l'intelligence a différents degrés, selon que l'organisation de l'individu est plus ou moins complète. Les nerfs se réunissent en un centre plus ou moins compliqué, plus ou moins volumineux que l'on appelle cerveau. Plus la complication des nerfs dans le centre cérébral est grande, plus il y a dans l'animal de puissance comparative et de mémoire. La puissance de l'intelligence résiderait donc dans le volume et dans les circonvolutions du cerveau.

Mes connaissances en histoire naturelle ne me permettent pas de constater à quel degré de l'échelle zoologique l'instinct est complété par l'intelligence; mais assurément il y a quelque chose de plus que de l'instinct dans les attitudes, dans les physionomies, dans le regard des animaux si profondément observés par M. Landseer.

Voyez les *Animaux à la forge*. — Je ne parle pas du tableau qui est un petit chef-d'œuvre de grâce et de sentiment; je laisse de côté les détails, qui sont traités avec un soin et un art infinis; mais ce beau cheval bai-cerise, à la robe polie et lustrée comme les cassures du satin, qui abandonne avec nonchalance sa jambe aux soins du maréchal-ferrant, quel air calme et confiant!... comme il comprend qu'il n'a rien à craindre, que c'est pour son bien-être, pour la sûreté de sa marche, qu'on lime sa corne et que son sabot est ferré!... Il a certainement eu peur la première fois; mais aujourd'hui il se souvient, il comprend parfaitement que l'opération n'a rien de désagréable, et la preuve, c'est que le maréchal a jugé inutile de lui passer un licou.

A côté, un âne, la bride sur le cou, la selle sur le dos, un coquelicot coquettement posé derrière l'oreille, attend avec patience et résignation que son tour arrive.

— Quel air rogue et crâne a *Jack en faction*, assis sur une table au milieu d'un monceau de tripes! croyez-vous que les pauvres diables maigres et affamés attendraient l'heure du déjeuner avec cet air patient et résigné, ce regard humble et suppliant, s'ils n'avaient appris à leurs dépens à respecter la consigne de maître Jack?

— *The sanctuary* est une toile délicieuse dont la gravure n'a pu, selon nous, reproduire toute la poésie.

Le ciel est chaud, une vapeur bleuâtre teinte la surface polie du lac qui reflète les derniers rayons du

10.

soleil couchant : — des canards s'envolent des roseaux, effrayés par la visite inattendue d'un cerf solitaire qui brame ses amours à la nuit qui tombe.

M. Landseer a exposé six autres toiles, toutes remarquables par le dessin, le sentiment, la vérité et la profondeur de l'observation. *Islay et Mackaw ;* — les *Singes brésiliens ;* — le *Déjeuner* (*montagnes d'Ecosse*) ; — les *Conducteurs de bestiaux ;* — le *Bélier à l'attache,* — et les *Chiens au coin du feu.*

VI

MM. MULREADY — GOODHAL. — COOK — REDGRAVE — FRITH — M'INNES — HORSLEV — ETC., ETC.

Plus nous avançons dans l'étude et l'examen de l'école anglaise, plus il devient évident pour nous, comme il le sera pour tout observateur de bonne foi qui voudra mettre de côté tout amour-propre national dans les questions d'art, — que si l'Académie de Londres se fait remarquer par son mépris pour l'harmonie des couleurs, les peintres de fantaisie n'ignorent ni les empâtements solides de la toile ni le martelage des brosses, et qu'ils possèdent aussi bien que nous, sinon mieux, toutes les ressources, toutes les finesses, toutes les rouerics du métier.

Vous ne retrouverez nulle part, à un aussi haut degré, l'esprit, la finesse, la vérité d'observation et le sentiment des physionomies.

Le *Loup et l'Agneau*, de M. Mulready, est une des plus délicieuses choses qui se puissent imaginer.

Addison ou Lavater n'auraient pas mieux observé, plus finement rendu la mise en scène de la fable éternellement vraie de la Fontaine.

Le loup s'est glissé sous les habits d'un gamin de douze ans, crâne, féroce et tapageur, qui, debout, l'œil rond, la bouche crispée par la menace et la colère, la poitrine tendue, les poings serrés, boxe un pauvre agneau pleurnicheur, piteusement acculé dans l'embrasure d'une porte fermée. Le malheureux essaye de parer avec son coude placé en arc-boutant à la hauteur de ses yeux les coups de poing qui lui arrivent, et avec sa jambe repliée les coups de soulier qui bleuissent ses jambes.

Pauvre agneau! quel crime a-t-il commis? Sa plume, ses livres, son ardoise, ses cahiers, roulés soigneusement dans le cabas de paille passé à son bras, annoncent des habitudes d'ordre et de propreté, une grande douceur de caractère, le respect pour ses maîtres, la crainte d'affliger sa mère et de déchirer ses hardes, propres et rapiécées.

Une petite fille de quatre ou cinq ans proteste par ses cris contre l'abus de la force; la mère accourt en levant les bras au ciel... L'innocence ne périra pas cette fois, nous sommes consolés.

Les fonds du tableau, tous les détails, les sureaux en fleurs, la cage de l'oiseau, les colonnes du perron, les troncs d'arbres et les jeunes peupliers qui se détachent sur les murailles de brique, sont traités et rendus avec un soin, une finesse et un bonheur inimaginables.

Malheureusement la place nous manque pour donner une analyse détaillée de toutes les toiles de M. Mulready; nous nous bornerons à les citer avec éloges. Ce sont : le *Parc de Blackeat*, — un délicieux paysage en miniature. Le *But*, — une pochade qui se recommande par la vérité des physionomies. Le *Canon*, une scène de Callot jouée par des gamins dans une cuisine dont les dalles sont semées de choux, de navets et de poteries, comme un intérieur hollandais. Le *Frère et la Sœur* forment un groupe ingénieux d'une grâce charmante.

Les *Baigneuses;* une belle jeune fille, blanche et légèrement rosée, assise au bord d'un ruisseau, passe la main dans l'écheveau déroulé de ses cheveux blonds; une femme, posée en vedette, lève la main en signe de détresse et signale l'approche d'un indiscret; les jeunes filles quittent le ruisseau et grimpent sur la berge avec des frayeurs charmantes... — Restez!... c'était une fausse alerte; personne ne vient, personne n'a jamais vu de corps de jeunes filles d'une peau si rose, de formes si idéalement ravissantes.

— *Mettez un enfant dans la route qu'il doit suivre* est celui de tous que nous aimons le moins. Mais la *Discussion sur les principes du docteur Wisthon* est une scène de la comédie humaine très-heureusement rendue. Quelle belle figure enluminée par l'apoplexie, quelle discussion opiniâtre que celle du docteur posé carrément dans un grand fauteuil, une main sur les genoux, l'autre sur la table encombrée de livres, de porcelaines et de paperasses! et l'antagoniste qui se lève à demi dans le feu de la dispute... ces personnages sont vivants... Tous les détails sont rendus avec une habileté de main dont il est impossible de donner une idée.

Le *Bal au bénéfice de la veuve* de M. Goodall réunit la finesse d'observation, la délicatesse du pinceau anglais, à la couleur de l'école hollandaise.

Le bal se donne dans une chaumière d'Irlande, enfumée comme un intérieur de Van-Ostade ou de Téniers. Cette petite toile fourmille de groupes et de détails charmants: le jeune homme et la jeune fille qui ouvrent le bal au milieu du village attentif à les regarder sont jetés avec une grâce et une gaieté délicieuses; le vieillard, se versant un verre de gin dans l'embrasure de la porte ouverte sur la campagne, est d'un bon dessin et d'une expression heureuse et joviale qui

fait plaisir à regarder. Deux enfants ont réussi à dé-
rober une bouteille commencée et l'achèvent en tête-à-
tête, couchés sous la table sur laquelle dînent leurs
parents. Une jeune fille charmante détourne la tête
en riant pour ne pas entendre les propos de son
amoureux. Le joueur de musette aveugle, juché sur
une table au milieu des pots et des verres, et la
rêverie de la veuve, jettent sur cette scène une nuance
d'une douce mélancolie.

— Nous ferons à M. Cook le même reproche que
nous avons déjà fait à M. Hook. Ses murailles propres,
lavées, cirées, savonnées, sont d'une fraîcheur glaciale;
— tellement qu'on serait plutôt tenté de glisser en
patinant qu'en gondole sur cette nappe solide. Les
gondoles ont l'air prises dans les glaces.

Nous retrouvons chez M. Redgrave de grandes qualités d'observation; la *Fille du pauvre gentilhomme*
est une scène très-vraie, jouée quelque part dans un
des salons aristocratiques de Londres.

Une lady, en élégant déshabillé du matin, accoudée
sur une table en face de son mari, lorgne de la façon
la plus impertinente et la plus dédaigneuse une belle
jeune fille en deuil qui passe les yeux baissés; le mari,
qui l'a vue venir, tourne la tête pour n'avoir pas à la
saluer.—Comme dans les pièces de l'ancien répertoire,
les valets reproduisent, en les exagérant, les ridicules
de leurs maîtres.

M. Redgrave nous assure que « Coleridge, Words-worth et Southney composèrent un grand nombre de leurs poésies dans le *Ravin des poëtes*. » Il y a certainement de l'air et une grande fraîcheur sous ces grands arbres, mais je ne vois pas trop quel charme ces messieurs pouvaient trouver à rêver dans ces flaques d'eau bourbeuse et au milieu de l'enchevêtrement de ces branches emmêlées.

M. Frith est un auteur comique qui écrit avec son pinceau des scènes de bonne comédie.

L'*Homme d'un bon naturel* est d'un dessin irréprochable.

Certes, son égalité de caractère a été mise à une rude épreuve, et il a fallu tout le flegme britannique pour ne pas se permettre au moins le plus léger mouvement d'impatience; voici le fait : — En rentrant chez lui, il a surpris deux coquins occupés à dégarnir son appartement ; le premier, qui, pour la pose gracieuse et l'aplomb aimable, rappelle Robert-Macaire, s'apprête, le tricorne sous le bras, le corps nonchalamment jeté sur la hanche, à écouter sans trop de confusion les reproches du maître du logis.

Son complice, qui a déjà eu la précaution de troquer ses guenilles contre un riche habit de velours bleu galonné d'or, s'incline respectueusement devant la présentation de milady, et utilise sa courbette en escamotant légèrement un flambeau d'argent.

On comprend à la rigueur l'impassibilité du gentle-man; mais rien ne s'opposerait, selon nous, à ce que milady témoignât sa surprise par un évanouissement de circonstance.

Le *Bourgeois gentilhomme* ne se joue pas mieux sur la scène de la Comédie-Française que sur la toile de M. Frith. Il y a un grand sentiment comique; mais les expressions de *Pope faisant la cour à lady Mary Wortley Montague* sont un peu exagérées. — Lady Montague était trop grande dame pour s'abandonner à ce fou rire, et Pope n'était pas assez naïf pour se li-vrer à ce profond désespoir qui le fait hésiter entre le choix des divers genres de suicide.

— *Amour et Piété*, de M. M'innes, est un petit su-jet d'une fraîcheur et d'une grâce adorable. Le père et la mère, beaux vieillards frais et charmants sous leurs cheveux blancs, prient au temple, assis côte à côte dans le même banc. Debout près d'eux, leur fille s'efforce de ne pas voir un jeune homme appuyé sur un pilier, oubliant sur elle un long regard d'amour et de tendresse infinie. On pourrait peut-être trouver à redire sur les deux robes vertes et rouges; mais les physionomies des amoureux sont ravissantes de naï-veté, d'espérance et d'honnêteté.

M. Horsley a aussi très-fidèlement rendu, dans sa *Réunion musicale*, un de ces petits bonheurs mysté-rieux de la première semaine des amours.

Deux beaux enfants se sont arrêtés, au milieu d'un duo, pour écouter l'amour qui chante au fond de leurs cœurs sa première chanson : l'imbécile qui martèle si consciencieusement les touches de son clavecin les regarde tout surpris de la longueur d'un point d'orgue que justifient suffisamment deux petites mains enlacées et perdues dans les plis de la robe de la jeune fille. Tout en continuant son travail d'aiguille, la mère suit des yeux, sans un grand courroux, ce manége innocent.

Le père, vieil amateur dont la moustache argentée se dresse de plaisir en entendant cette musique qu'il sait par cœur depuis quarante ans, bat la mesure du bout de ses doigts longs et maigres sur le couvercle de sa tabatière d'argent.

Les personnages sont vrais, bien posés, les physionomies parfaitement observées, la couleur est tranquille et les détails traités avec une perfection idéale.

— Des cinq tableaux envoyés par M. Egg, nous ne citerons que le *Buckingham rebuté*, qui rentre dans le genre anecdotique que les artistes anglais traitent avec une si incontestable supériorité.

Buckingham rebuté par qui? Assurément ce ne peut être par la belle jeune femme au corset rose, au col de guipure, qui, fort occupée en apparence à élever un château de cartes avec les boîtes qui contenaient les jeux éparpillés sur le tapis vert de la table, presse

11

doucement, du revers de sa main rose la main crispée de Buckingham. On ne s'explique pas d'où peut
provenir la pensée douloureuse qui plisse le front du
favori.

— La scène de *Controverse religieuse sous
Louis XIV* nous rappelle un tableau de M. Robert
Fleury sur le même sujet. Si le maître français est supérieur pour la couleur, assurément le tableau de
M. Egg ne le cède en rien pour la vérité des attitudes
et l'expression des physionomies. Des ecclésiastiques,
des moines et des ministres sont groupés autour d'une
table couverte de livres et de parchemins.

Le cardinal dont la main crispée froisse le tapis de
lampas vert de la table et pétrit son mouchoir est d'une
vérité terrible. Son teint bilieux, sa colère, sa haine
concentrée sous ses épais sourcils noirs, promettent à
l'imprudent disciple de Calvin les douceurs de la
question dans les mystérieux cachots du saint-office,
ou les béatitudes d'un auto-da-fé en place publique.

Le *Château d'Ischia vu du môle* est une excel-
lente marine de M. Stanfield. La mer est d'une couleur et d'une furie qui laisse bien loin les meilleures
marines de l'école française.

— Le *Lougre français donnant dans la passe de
Calais* nous paraît la meilleure toile de M. Cook.

— Le *Fort de Tilbury*, de M. Stanfield, et les *Ra-*

fales au large de Douvres, par M. Wilson, sont deux des meilleures marines de l'Exposition.

Les peintres anglais lèchent leurs paysages avec un soin aussi patient, un faire aussi minutieux que leurs tableaux de guerre et de fantaisie. On compterait les brins d'herbe et de mousse, les dents de scie des feuilles de ronce; mais cette perfection même nuit à l'ensemble du paysage; si nos paysagistes français ne leur sont pas toujours préférables, leur brosse, large, facile, leur manière vigoureuse peut soutenir avantageusement la comparaison.

Nous citerons, parmi les meilleurs paysages de l'école anglaise, la *Récolte de l'orge*, par Linnell; une *Vallée*, de M. Anthony; les *Hêtres et fougères* du même. Un chien épagneul taché de brun est en arrêt dans un massif de hautes fougères, le vent joue dans les branches du bouquet de hêtre, et fait trembler les feuilles d'une légèreté surprenante.

Le *Braconnier*, de M. Lee, etc., etc.

Si nos peintres avaient, comme les artistes anglais, la précaution de placer au bas du cadre le sujet de leurs tableaux, il nous éviteraient l'ennui et le désappointement de recherches inutiles dans le catalogue incomplet vendu par l'administration du palais des Beaux-Arts.

VII

BELGIQUE. — PAYS-BAS.

D'autres, dont les sens seront plus fins et plus sub-
tils, nous diront les caractères généraux qui distinguent la Prusse, la Belgique, l'Autriche, la Bavière,
la Suisse et les duchés de Bade et de Nassau.

Pour moi, les différences de style et d'exécution
que je remarque dans tous les tableaux qui nous sont
venus de l'Allemagne proviennent tout simplement
du sentiment individuel, du tempérament de l'artiste;
et la nuance qui sépare la Prusse de l'Autriche, ou la
Suisse de la Belgique, est assurément moins sensible
et moins tranchée que la manière si opposée qui distingue MM. Ingres ou Delacroix, Horace Vernet ou Decamps, Français ou Corot.

La Belgique, qui a produit Téniers, Metseys, Rubens, Jordaëns, Van Dyck, Breughel et tant d'autres
peintres célèbres, n'est plus aujourd'hui, à quelques
exceptions près, qu'un pâle reflet de l'école française.

Au reste, pouvait-il en être autrement? Des peintres belges qui ont envoyé leurs tableaux à l'Exposition, un tiers demeure à Paris; plus d'un tiers, pour
ne remonter qu'à 1848, a figuré dans nos Expositions, et, malgré le soin avec lequel ils ont jugé convenable de dissimuler le nom des maîtres dont ils ont

reçu les leçons, leurs toiles trahissent plus ou moins une origine parisienne.

M. Alexandre Thomas, entre autres, qui a déjà figuré avec honneur dans nos Expositions de 1850, 1852 et 1853, a envoyé cette année : *Judas errant pendant la nuit de la condamnation du Christ.*

Judas rencontre, à l'angle du chemin, deux charpentiers endormis auprès d'une croix inachevée, la vue de cet instrument de supplice lui rappelle son crime; il s'arrête, chancelle, s'appuie d'une main sur un rocher, et de l'autre serre convulsivement la bourse de cuir contenant le prix de sa trahison. La lueur rouge de deux tisons enflammés, habilement fondue avec la lune à moitié cachée dans les nuages, éclaire d'une teinte blafarde sa face livide.

Cette scène, dont la composition est loin d'être irréprochable, produit un effet très-dramatique.

Un peu plus loin, nous retrouvons le même *Judas pendu*, par M. Portaels. Cette composition, plus défectueuse que la précédente, est plutôt une étude académique qu'un tableau. Je vois bien une corde rompue et un homme mort; le livret seul m'apprend que c'est Judas.

— Le critique le plus exigeant trouverait difficilement un reproche à faire au *Compromis des nobles* de M. de Biefve. Les physionomies sont variées et rendues avec le soin qu'exigent des portraits historiques:

les poses naturelles, dignes, sans exagération théâtrale, les étoffes et les costumes traités avec une
grande perfection, les personnages bien groupés, sans
symétrie comme sans confusion... Mais, si l'œil est
satisfait, l'esprit flotte indécis; l'idée ne sort pas claire
et lumineuse du milieu de ces groupes.

Quel intérêt les rassemble? Ils ont laissé à la porte
leurs passions avec leurs toques et leurs épées.

J'ouvre le livret : « La scène se passe à Bruxelles,
le 16 février 1566, dans l'hôtel de Creytembourg. On
remarque les comtes Philippe de Marnix et de Horn;
le comte de Brederode harangue l'assemblée. —
Après? — Le comte d'Egmont, le prince d'Orange,
le comte Antoine de Lalaing, le baron de Montigny, le
marquis de Berghes et le comte Louis de Nassau sont
debout et s'apprêtent à signer...

— A signer quoi? C'est toujours un grand défaut
dans une toile d'exiger de la part du spectateur un
travail de recherche ou d'érudition. L'effet est nul s'il
n'est instantané. Aussi, malgré de rares et précieuses
qualités, ce tableau est-il froid. — C'est une page
d'histoire locale, écrite sans couleur, à la façon d'An-
quetil ou du père Daniel.

— La *Bataille de Gravelines* de M. Vandever-
Donck; peut, à la rigueur, se passer de tout commen-
taire historique : tout le monde connaît en Flandre
cette grande victoire remportée en 1558 par le comte

d'Egmont. Mais, en dehors de l'intérêt national qu'inspire le souvenir de cette victime du fanatisme du duc d'Albe, il y a de la passion, de la vie, du mouvement dans cette mêlée d'hommes noirs et rouges, blancs et roux, qui se noient, s'assomment, se hachent, se martèlent, s'éventrent et s'étranglent avec une fureur et une rage incroyables dans un pêle-mêle effrayant de cadavres, de chevaux morts et de roues brisées.

Le père qui approche une barque pour enlever sa fille tombée mourante dans les bras de son mari blessé est d'un bon mouvement et bien rendu.

— Nous retrouvons les mêmes qualités, avec une fougue non moins grande, dans le Godefroi de Bouillon à l'assaut de Jérusalem, le 15 juillet 1099, par M. Verlat. Le livret peut donner une idée de cette bataille.

« La tour de Godefroi s'avance au milieu d'une terrible décharge de pierres, de traits, de feux grégeois, et laisse tomber son pont-levis sur la muraille.

« Soutenu des principaux chefs, Godefroid enfonce les ennemis, s'élance sur leurs traces et les poursuit dans Jérusalem. »

Sous le titre d'*Espoir*, M. Verlat a, en outre, exposé un renard guettant des perdreaux sur le point de se poser près de lui, et, sous le titre de *Déception*, un canard qui s'envole en laissant les plumes de sa queue entre les pattes d'un renard.

Nous avions remarqué aux Expositions précédentes des buffles attaqués par un tigre; mais, de toutes ses petites scènes de genre, celle que nous préférons est *Chien et Chat.*

Avec un peu plus d'observation et un faire plus patient, M. Verlat aurait pu créer une petite comédie humaine jouée sur le coin d'une table par deux acteurs à quatre pattes.

Dans une assiette de porcelaine du Japon, un chat grignotait paisiblement une patte de langouste. Un king's charles, abusant de sa double qualité de chien et de favori, jette sur les débris une patte ambitieuse.

— Indignation, colère, menaces du chat injustement provoqué. Le siége de Troie n'eut pas un motif beaucoup plus sérieux que cette patte de langouste.

— MM. H. Leys et J. Lies, en Hollandais de la vieille roche, ont dédaigné de se faire naturaliser Français; ils ont pensé que, imitation pour imitation, mieux encore valait soulever d'un doigt patient la couche de vernis ambré qui recouvre les toiles des vieux maîtres hollandais, surprendre leurs secrets et reproduire leurs procédés.

On prendrait volontiers les toiles de ces deux peintres pour des restaurations du seizième siècle. Si tel est le but qu'ils se sont proposé, nous sommes forcé d'avouer qu'ils ont réussi au delà de toute expression.

— Connaissez-vous les *Trentaines de Bertal de Haze?*

— Non... C'est la première fois que j'en entends parler.

— Ah! alors, voici : — L'étainier Bertal de Haze, chef du Serment de l'ancienne Arbalète, décédé en 1512, légua à l'église de Notre-Dame son attirail de guerre, savoir : son meilleur corselet, avec son morion, gorgerin, arbalète, carquois, flèches, et son couteau recourbé, pour que le tout y fût appendu dans la chapelle du Serment après la trentaine. Il eut raison.

Le tableau de M. Leys est aussi naïf que la légende : des cierges brûlent sur l'autel où sont suspendues les armes du marchand d'étain. Sa veuve, agenouillée, prie, le front penché sur ses mains jointes : derrière, le successeur de Bertal et les compagnons de l'Arbalète avec leurs femmes ; dans les stalles qui règnent autour de la chapelle, les prêtres en surplis chantent, avec de légers torticolis, les psaumes et les répons, avec la résolution d'honnêtes gens bien décidés à gagner scrupuleusement l'argent de la trentaine.

Le dessin de M. Leys nous paraît, de parti pris, un peu lourd, gauche et roide, dans l'intention évidente de conserver à sa composition toute sa couleur locale; mais il se distingue par un coloris brillant, vigoureux et d'une grande fermeté.

La *Promenade hors des murs* est la mise en scène

11.

de ces paroles du *Faust* de Gœthe : « Hors des portes
obscures et profondes, se pousse une foule de gens diversement vêtus. Avec quel empressement chacun
court aujourd'hui se réchauffer aux rayons du soleil!
Ils fêtent bien la résurrection du Seigneur, car ils sont
eux-mêmes ressuscités. Échappés aux sombres appartements de leurs maisons basses, aux liens de leurs
habitudes vulgaires et de leurs vils trafics, aux toits et
aux plafonds qui les écrasent, à leurs rues sales et
étranglées, aux ténèbres mystérieuses de leurs églises, tous ils renaissent à la lumière. »

Ici le dessin nous semble plus correct. La couleur
est toujours admirable; la lumière, habilement distribuée sur tous les personnages, produit un effet d'ensemble extrêmement harmonieux.

Le *Nouvel an en Flandre* est une petite toile un
peu froide, un peu triste au premier aspect, mais qui
se distingue par une grande vérité. Le pavé disparaît
sous la neige; quelques bonnes gens grelotants, le nez
dans leur capuchon, vont de porte en porte colporter
leurs souhaits de bonne année et recevoir quelques
gros sous en échange.

Le sujet n'offre pas grand intérêt; mais c'est le privilége des maîtres de savoir tirer un précieux chef-
d'œuvre du prétexte le plus insignifiant.

— La *Promenade* et les *Plaisirs de l'hiver* de

M. Lies sont une imitation parfaite des procédés de son compatriote, M. Leys.

— La *Fête au château*, de M. Maden, rappelle de loin la *Fête de Noël au bon vieux temps*, de M. Maclise; mais tout l'avantage reste au peintre hollandais.

M. le baron marie sa nièce : tous les fermiers, tenanciers, vassaux, vavassaux et vilains, ont été invités à la noce; la fête se tient dans une grande salle garnie de panneaux de chêne encadrant des tableaux de grandeur qui naturelle, représentent l'histoire de la famille; au son d'un orchestre composé d'un violon, d'une clarinette et d'une grosse caisse, un groupe danse sous une large couronne de fleurs et de mousse suspendue au plafond.

Sur le premier plan, M. le baron, faisant l'office de valet de chambre, sert de ses nobles mains madame la baronne suffisamment empesée et couperosée, placée en face de lui à la place d'honneur. — A sa droite, son frère le chevalier dévore, d'un œil gourmand et avec une grimace de sensualité, un gigot de mouton couronné de bleuets et de coquelicots, qu'apporte d'un air solennel le gâte-sauce orné du bonnet de coton blanc des grandes cérémonies.

Accroupie au milieu de la salle, une laveuse de vaisselle, d'une mine assez appétissante, enlève les plats et les assiettes.

Cette toile se recommande par un dessin ferme,

élégant, une entente parfaite des groupes et de la pantomime, et un coloris harmonieux.

— La *Toilette du Coquillard et du Malingreux*, de M. Mathysen, rappelle une des scènes de la cour des Miracles si souvent racontées par les romanciers qui ont exploité le moyen âge. — Le Coquillard endosse la longue houppelande grise, constellée de coquilles de Saint-Jacques, pendant que le Malingreux, assis sur une chaise dépaillée, s'entortille la jambe de linges destinés à dissimuler les ulcères dont il pourrait être affligé.

La couleur de cette petite toile est bonne, le dessin correct; mais elle manque de ce fini patient et minutieux qui peut seul donner du prix à ces caprices de la fantaisie.

— M. Stevens paraît avoir consacré son pinceau à la monographie du chien : nous sommes loin de lui en faire un reproche ; mais il s'est borné jusqu'ici à imiter la pantomime et à brosser plus ou moins fidèlement la robe de ces animaux, voilà tout; il n'a jamais, comme Landseer, regardé fixement un chien entre les deux yeux et cherché à comprendre les passions et les pensées qui s'agitent sous les arcades sourcilières de ces cerveaux largement développés.

Cependant maître François Rabelais, dont il cite l'autorité respectable, aurait dû le faire réfléchir.

— « Vîtes-vous oncques chien rencontrant quelques os médullaires? C'est, comme dit Platon, la beste du monde la plus philosophe. Si eu l'avez, vous avez pu noter de quelle dévotion il le guette, de quel soing il le garde, de quelle ferveur il le tient, de quelle prudence il l'entamme, de quelle affection il le brise et de quelle diligence il le sugce. Qui l'induict à le faire? Quelle est l'espoir de son estude? Quel bien prétend-il? Rien qu'un peu plus de mouëlle! »

Le *Philosophe sans le savoir* n'est qu'un malheureux mendiant crevant de faim, piteusement accroupi sur ses jarrets, la queue collée entre les jambes, dévorant honteusement un tibia de mouton jeté aux ordures, parmi des écailles d'huîtres et des débris de homard.

M. Stevens n'a vu que le côté brutal et animal du sujet. Sous le pinceau de Landseer, le *Philosophe sans le savoir* serait devenu un gourmand savourant lentement la moelle de son gigot, avec des frétillements de queue et de longs regards au ciel, pleins de reconnaissance et de sensualité.

— M. Degroux a envoyé trois tableaux qui se recommandent par des qualités différentes. Le *Dernier adieu* est d'un réalisme poussé jusqu'à la brutalité.

Au milieu d'un large tapis de neige sur lequel se dressent, plantées çà et là, de petites croix de bois peintes en noir, une tombe est creusée au pied d'un vieux sycomore. Les croque-morts ont descendu le cercueil, et sur le brancard vide remportent les tentures funèbres. — Autour de la fosse béante, les amis, parents et voisins du défunt se tiennent debout, bleuis, violacés par le froid et grelottant sous leurs manteaux. Deux petits enfants se penchent pour jeter dans la fosse un regard de curiosité mêlé de frayeur, très-heureusement rendu.

C'est le tableau de la mort dans sa plus triste réalité ; nous doutons fort que cette composition éveille des songes bien gracieux dans l'esprit de son propriétaire. Nous préférons à ces vérités brutales l'art s'efforçant de cacher sous de riants mensonges les affreuses misères de notre pauvre humanité.

L'*Enfant malade* manque également de gaieté. Une pauvre ouvrière affaiblie, exténuée par la privation et la misère, est assise au pied d'un grabat sur lequel gît son enfant hâve et mourant de faim.

La *Promenade* est une idée charmante, quoique avec une légère teinte de tristesse.

Le long de la lisière d'un champ de blé mûr, fleuri de rouges coquelicots, un vieux prêtre cassé par l'âge s'appuie, en marchant, sur le bras d'un séminariste qui lui récite avec distraction le bréviaire du jour. De l'autre côté du champ, le jeune néophyte aperçoit un frais chapeau rose amoureusement penché sur le collet de velours d'un jeune habit marron, s'en allant tous deux lentement, la tête baissée et les bras passés autour de la taille cambrée.

Cette petite toile a le mérite assez rare de faire penser.

M. Cermak nous rappelle d'une manière énergique de quelle façon *la foi catholique fut propagée en Bohême*.

« La perte de la bataille de Belahora avait fait retomber la Bohême sous la domination de l'Autriche ; l'œuvre de la pacification commença. Pour convertir à la foi catholique les paysans protestants ou hussites, pour anéantir tous leurs emblèmes religieux et patriotiques, le gouvernement impérial envoya de cabane en cabane des religieux escortés de soldats chargés de faciliter leur mission. »

Un bon père de la foi, un saint homme de moine, les pieds nus, la tête rasée, le teint blafard, la peau huileuse, tenant d'une main un livre saint entr'ouvert à l'endroit du *compelle intrare*, — de l'autre, un chapelet à grosses patenôtres qu'il fait baiser à de petits enfants, entre dans une cabane de paysans, la tête haute, l'œil terrible, suivi de soudards casqués, cuirassés, luisants, gras et bien nourris, portant en bandoulière le saint ciboire, la hallebarde et l'épée destinée à opérer des conversions catholiques et à compléter d'une manière prompte et efficace les effets salutaires de la grâce divine.

La douleur profonde, la sombre résignation du vieillard et du fils, la frayeur de la mère, qui, à la vue du moine, serre son enfant avec une étreinte convulsive, sont d'un mouvement profondément senti et rendu avec une grande vigueur.

— L'*Intérieur d'une boutique de soieries en* 1660 rappelle sous plusieurs points le *choix d'une* robe de Mulready. M. Willems n'est pas inférieur au peintre anglais pour la perfection du dessin, et le rendu des étoffes de soie, de velours et de satin.

Nous retrouvons les mêmes qualités dans une toile de plus petite dimension, intitulée *Coquetterie*. Les cassures de la robe gris-perle qui se coiffe devant une petite glace de Venise, le tapis de Turquie, le coffret, sont rendus avec une perfection anglaise.

Nous citerons dans les PAYS-BAS le *Directeur de femmes*, de M. Blas.

Une demi-douzaine de femmes jeunes et vieilles s'empressent de le bourrer de biscuits, de confitures et de ces mille friandises que connaissent seules les âmes pieuses et dévotes... Le saint homme ! Boileau le connaissait beaucoup.

> Qu'il paraît bien nourri ! Quel vermillon, quel teint !
> Le printemps, dans sa fleur, sur son visage est peint...

— Des effets de lampe de M. Kiez. — Les *Saltimbanques en répétition*, par M. Schmidt-Crost, et l'*Hôtel de ville de Nimègue* par M. Springer.

VIII

MM. de Cornélius et de Kaulback représentent ce que l'on appelle l'art allemand. Ces messieurs ont le plus profond dédain pour l'art assez vulgaire de faire des tableaux plus ou moins médiocres; ils écrivent avec le crayon des poëmes sans fin sur des toiles immenses. M. de Cornélius ne se propose pas moins que d'appliquer ce procédé à nous raconter les destinées générales du genre humain d'après la Bible et le Nouveau Testament, — le tout à l'usage des peuples et des rois... *Erudimini qui judicatis terram !*

Planant dans les hauteurs idéales de l'infini, ces grands abstracteurs de quintessence dédaignent de descendre à la portée des intelligences vulgaires. Leur fusain nous retrace des mythes, des symboles, des allégories, les migrations des races, une sorte d'histoire hiéroglyphique dans le goût indien.

Cette curieuse manière d'envisager l'art de la peinture aurait l'avantage de nous éviter la longue et fastidieuse lecture des cent mille volumes d'histoire qui comblent les rayons des bibliothèques de tous les pays; — mais, par malheur, ce procédé a un léger inconvénient : pour être bien compris, ces cartons auraient besoin d'être accompagnés de notes explicatives et de commentaires plus volumineux que tous les livres d'histoire réunis ensemble.

L'œuvre complète de M. de Cornélius contient dix-sept cartons de vingt-trois mètres de longueur sur une hauteur qui varie de dix à douze mètres, avec huit entrelacements de figures isolées... Calculez!...

Devant une œuvre d'une importance si redoutable, nous nous sentons écrasé; nous confessons notre insuffisance, et nous renvoyons les amateurs au n° 1714 du Salon.

Les cartons envoyés à l'Exposition représentent des sujets tirés de l'Apocalypse. Nous n'aurons pas la prétention de chercher à expliquer ce livre divin que personne n'a jamais compris, à commencer par celui qui l'a écrit.

Rentrons immédiatement dans l'examen et l'appréciation des sujets plus humains.

— M. Rosenfelder a peint, par ordre de S. M. le roi de Prusse, une grande toile historique représentant *Joachim II, électeur de Brandenbourg, et le duc d'Albe.*

Après la bataille de Muhlberg, en 1547, Joachim II se trouve, avec l'électeur Maurice de Saxe, le landgrave Philippe de Hesse, le maréchal de Froste et d'autres princes allemands, à table, en compagnie du duc d'Albe et du cardinal Granvelle.

Des hallebardiers se présentent pour arrêter le land-

grave; Joachim lève l'épée, et d'un geste impérieux
ordonne au duc d'Albe de quitter la salle. Pâle de
rage, le duc d'Albe, avec ce teint olivâtre et ce regard
sanglant qui glaçait d'horreur les plus hardis, se lève
et montre un ordre écrit de Philippe II. — Le maréchal de Froste se jette aux genoux de Joachim pour le
retenir. — Sur le côté est le cardinal de Granvelle,
auteur de cette trahison.

Nous avons déjà fait observer combien les sujets historiques perdent de leur intérêt à l'étranger. Malgré
Joachim, qui est très beau de mouvement et d'énergie,
et le duc d'Albe, dont le sombre fanatisme est vigoureusement rendu, cette composition nous laisse froids
et indifférents pour le malheureux landgrave; ce bel
homme, d'un blond fade, est d'une douceur qui frise
la simplicité. — Quant au cardinal de Granvelle, il se
dresse sur les talons dans une pose un peu trop théâtrale.

— A la nouvelle de la *Mort de Léonard de Vinci*,
François Ier, guêtré, botté, vêtu d'un petit manteau
de velours bleu doublé d'hermine, quitte la chasse, et
accourt déposer un dernier baiser d'adieu sur les lèvres
du mourant. — Cette toile de M. Schrader nous a paru
la meilleure composition historique que nous ait envoyée la Prusse. Le dessin est correct, la couleur très-
harmonieuse; la pose et la pantomime des personnages
expriment une douleur sentie sans exagération.

Nous aimons moins le *Milton dictant le Paradis perdu à ses filles*, du même peintre. Assis dans un grand fauteuil de velours rouge, la main posée sur un grand cahier recouvert de parchemin, le poëte raconte son poëme à ses deux filles placées devant lui.

La première, la rousse, celle qui écoute pensive, le menton dans la main, est d'une belle expression, d'une douceur et d'une tristesse infinies. La pauvre fille ne comprend rien aux rayonnements intérieurs du grand poëte; elle plaint seulement son père, parce qu'il est aveugle.

La seconde, celle qui écrit, a un petit nez retroussé qui lui donne la mine espiègle et éveillée des soubrettes de l'ancien répertoire. Ses traits, en outre, diffèrent trop complétement de ceux de sa sœur. — Il est impossible de se figurer que ces deux jeunes filles sont de la même famille. La tête de Milton, quoique bien modelée, est d'une expression commune, rien n'annonce l'élévation des pensées, ni l'inspiration du génie.

Cette toile, au reste, se recommande, comme la précédente, par des qualités supérieures de dessin et de coloris.

— M. Meyer a exposé deux tableaux de genre, deux petits chefs-d'œuvre de grâce et de gentillesse.

Dans le premier, *Mère et enfants*, le plus jeune, en chemise, essaye de se tenir debout sur les genoux de sa mère, pendant que la jeune sœur, de six à huit ans, lui sourit à demi cachée derrière l'épaule de sa mère.

Dans le deuxième, nous retrouvons deux beaux petits anges blonds et diaphanes, debout, les mains jointes, en contemplation devant le *petit frère dormant*. Le berceau de l'enfant, la couverture, le livre de prières et les divers ustensiles de ménage sont traités et rendus avec le plus grand soin.

— Le faire de M. Meyerheim a la plus grande analogie avec celui de M. Meyer. Malgré la pureté du dessin, la vérité des physionomies observées et rendues avec le plus grand soin, ses *Paysans du Brunswick allant à l'église* ne me satisfont pas complétement. Ces personnages manquent de mouvement; on sent trop qu'ils se sont arrêtés pour donner à l'artiste le temps de les peindre : nous préférons de beaucoup la *Famille d'un artisan*, qui nous semble un petit chef-d'œuvre.

Le père, un pauvre menuisier, travaille au fond dans son atelier éclairé par une fenêtre donnant sur la campagne; le grand-père, assis dans un fauteuil de cuir, caresse en souriant le menton de sa petite fille, pour la récompenser d'avoir récité sa leçon, sans faute! la blonde petite fille, les mains jointes et pendantes, rouge de plaisir, rayonnante d'orgueil, est d'une expression adorable. A côté, dans la demi-teinte, la mère fait boire un petit enfant plus jeune.

Les personnages sont très-heureusement disposés, le dessin d'une pureté irréprochable, et la couleur ferme et douce à l'œil; le berceau, la table, l'horloge de bois, la cage, les outils, les vêtements, sont rendus avec un soin merveilleux.

— Nous citerons, en terminant, la *Marée haute à Ostende;* — une bonne marine de M. Achenbach, — et les *Bateaux pêcheurs d'Hastings* de M. Hildebrandt.

IX

AUTRICHE. — BADE ET NASSAU. — BAVIÈRE.

Nous n'avons trouvé en Autriche aucune grande peinture qui ait attiré notre attention; nous citerons seulement *Charlemagne visitant une école de garçons* de M. Blaas.

En admettant le Charlemagne, qui a l'inconvénient de trop ressembler au roi de carreau, nous ne voyons pas trop dans quel but cet illustre personnage visite la classe peu nombreuse de ces jeunes adultes.

BADE ET NASSAU. — M. Grund est le seul peintre qui ait exposé une toile de haut style.

Médée, drapée dans des étoffes de couleurs éclatantes et armée d'un poignard, se dispose à tuer ses deux enfants sur le bord de la mer, avec des grimaces outrées et des crispations par trop mélodramatiques.

— Si l'on en croit M. Saal, peintre de la cour grand-ducale, membre de l'Académie de peinture de Saint-Pétersbourg, — le *Soleil de minuit éclairant les hautes montagnes de la Laponie,* — les teintes d'une nuance rose comme la flamme des feux de Bengale : c'est possible.

— Le *Carnaval à Rome,* de M. Weller, rappelle M. Biard pour l'esprit, la grâce et la gentillesse.

M. Weller est directeur de la galerie grand-ducale de Manheim.

— M. Knaus, dont le *Matin après une fête de village* a déjà figuré avec honneur dans l'Exposition de 1853, a envoyé cette année trois toiles recommandables par une grande vérité d'observation.

La première est un *Campement de Bohémiens dans une forêt.*

Le ciel est bleu, le soleil âpre et brûlant : une famille de Bohémiens vient se reposer à l'ombre d'un grand chêne, à l'entrée d'un village.

Le garde champêtre, personnage respectable, coiffé d'une casquette administrative, les lunettes sur le nez, majestueusement campé sur sa canne, vient demander l'exhibition des passe-ports.

Derrière cet emblème respectable de la loi, les gens du village, armés de fourches et de bâtons, se préparent à prêter main-forte à l'autorité municipale.

Debout, près du garde champêtre, le chef de la

troupe, grand drôle, long, sec, mais vigoureusement fourni de muscles et de barbe noire, en spencer *rouge* galonné, et culotte jadis jaune, tenant un singe en laisse, s'appuie d'une main contre le chêne; à ses pieds, un jeune Bohémien, couché sur l'herbe, se dresse nonchalamment sur le coude, pendant qu'une jeune fille peigne ses cheveux noirs et crépus.

Indifférente à ce qui se passe autour d'elle, sans daigner lever les yeux, une mère allaite le plus jeune de ses enfants; les deux autres, un peu plus grands, complétement nus, se roulent sur la mousse. — Derrière, une maigre haridelle, sans bride et sans licou, chargée des instruments de musique et des hardes de la troupe, met le temps à profit en tondant largement la lisière du bois.

L'*Incendie* laisse dans l'esprit une profonde impression de tristesse.

Une ferme brûle au milieu de la nuit; les oiseaux s'envolent des arbres, les enfants pleurent, le chien hurle; chassées de l'étable, les vaches se sauvent effrayées; les femmes, les vieillards, accourent de tous côtés, peu ou point vêtus. — Le linge, les meubles, la vaisselle, sont apportés pêle-mêle et jetés sur l'herbe. La flamme monte, la maison brûle... Toutes les économies d'une longue vie de travail et de privations dévorées en une seule nuit... Après le travail, la misère!...

Le *Matin après une fête de village* fut très-re-
marqué à l'Exposition de 1853.

La chandelle de suif finit de brûler dans son chan-
delier. Le jour va venir; les danses ont cessé depuis
longtemps déjà; l'orchestre a fini de souper; la grosse
caisse desserre les cordes de son instrument; la contre-
basse s'assure que les bouteilles sont bien vides et les
verres bien à sec; rien sur les plats, rien sur les assiettes... Le trombone, la main engagée dans la
ceinture de son pantalon, écoute, avec un intérêt tem-
péré par un profond ennui, la conversation de deux
paysans assis à une table sur laquelle ils ont passé la
nuit à jouer aux dés.

A quoi rêve cette blonde et belle jeune fille, la
main gauche appuyée sur la poitrine de son amoureux endormi sur ses genoux? A l'inquiétude de sa
mère sans doute, qui aura passé toute la nuit à l'attendre...

Cette tristesse rêveuse jette une teinte poétique sur
le groupe grotesque des musiciens ambulants. Là où
un talent vulgaire n'eût vu qu'une charge grossière,
M. Knaus a trouvé une composition d'une grande vérité.

— Les *Cerfs se préparant au combat au coucher
du soleil,* par M. Zwengauer, nous semble la toile la
plus remarquable que nous ait envoyée la Bavière.

12

X

La critique aurait le droit de se montrer sévère et exigeante envers le pays qui a produit Valasquez, Mùrillo, Ribera et Zurbaran ; mais nous serons indulgent et nous nous abstiendrons d'en parler.

Dans les ÉTATS PONTIFICAUX, la *Réconciliation des familles Montecchi et Capulet* en présence des cadavres de leurs enfants a paru l'œuvre la plus remarquable.

Le MEXIQUE se recommande par la *Femme adultère*, de M. Cordero.

JAVA, par une *Quête à Boudouran* de M. Salis.

Nous citerons, dans le PÉROU, une *Halte d'Indiens péruviens*. — *Christophe Colomb et son fils recevant l'hospitalité dans le couvent de Bebida*, par M. Merino.

XI

— Le *Rêve de Parisina*. — Elle dort... Un songe d'amour colore son visage ; ses lèvres laissent échapper un souffle, un nom... Ses bras s'entr'ouvrent pour embrasser son rêve...

Assis à son chevet, avidement penché sur ses lèvres, son mari écoute, la main droite appuyée sur le poignard placé à côté de lui.

Cette scène, bien posée, nettement dessinée, offre un vif intérêt. La jalousie, qui a creusé son pli vertical entre les deux sourcils du mari, est bien observée et habilement rendue. Les étoffes, bien jetées, sont traitées largement.

Les *Prisonniers de Chillon* offrent un intérêt non moins dramatique.

Par un effort désespéré, le père rampe sur la paille humide de son cachot, tend violemment sa lourde chaîne rivée à la muraille, presse le front glacé de son fils, entr'ouvre ses yeux éteints!... Il est mort... Le désespoir du père est vigoureusement rendu.

Ces deux toiles font le plus grand honneur à M. Gastaldi.

— S. M. le roi de Sardaigne, Victor-Emmanuel, a l'air, dans tous les portraits que nous connaissons, de sortir d'un déjeuner dans lequel il a dévoré beaucoup de petits enfants. — Nous n'avons rien à dire de cette toile, qui a le tort de rappeler trop fidèlement un portrait célèbre de M. Horace Vernet.

M. Camino a exposé cinq paysages, parmi lesquels nous avons remarqué le *Ciel d'Italie.*

Le ciel est d'une limpidité admirable.

— Le *Charles-Quint lisant son bréviaire au couvent de Saint-Just*, par M. Hübner, nous montre à quel degré d'abrutissement peut tomber un vieillard intelligent dont la dernière partie de la vie s'est écoulée à égrener les patenôtres d'un rosaire, ou à répondre les messes des révérends pères de la foi.

— Nous citerons le *Marché aux poissons*, de mademoiselle Thérèse Wolfhagen.

XII

SUISSE. — SUÈDE ET NORWÉGE. — DANEMARK.

Parmi les beaux paysages que nous a envoyés la Suisse, nous placerons en première ligne : le *Lac des quatre cantons*, de M. Calame; — les *Pâturages d'Auvergne* et de *Fontainebleau;* — un *Paysage du Finistère* et les *Dunes de l'Amérique*, de M. Baudite; — le *Chêne et le Roseau*, de M. Castan.

Le *Prêche dans une chapelle de la Laponie suédoise*, de M. Hockert, est d'un dessin large, d'une couleur vigoureuse et d'un ensemble très-agréable. Une jeune femme allaite un enfant au milieu d'un groupe de paysans écoutant religieusement le ministre qui prêche dans une petite chaire noyée dans l'angle le plus obscur de la tanière. Je n'aime pas beaucoup, à vrai dire, le prédicateur, qui ressemble à une vieille femme, malgré ses favoris taillés en plates-bandes.

Nous citerons avec éloges un sujet tiré de la mythologie scandinave : *Loke et Sigoun*, par M. Jernberg.

« Loke, génie du mal, a été enchaîné sur le roc par
les dieux et condamné par eux à recevoir éternellement le venin qui coule sur son visage de la gueule
d'un serpent. Sigoun, son épouse, reçoit le poison dans
une coupe. »

— Un *Invalide suédois racontant des épisodes de
sa vie militaire*, par M. Mordenberg.

M. Tidemant a exposé trois toiles qui, pour la vigueur du coloris, la fermeté du dessin, la franchise
des physionomies et l'habileté de l'agencement, peut soutenir la comparaison avec les meilleurs tableaux de ce
genre venus d'Allemagne.

Le premier nous représente des paysans suédois
dans une cabane enfouie sous la neige, écoutant un
jeune homme improvisant, d'un air inspiré, un ser-
mon sur un passage quelconque de l'Écriture sainte.

— Dans le second, un maître d'école vêtu de noir,
avec une cravate blanche, et les lunettes relevées sur
son front déprimé, a conduit au prêche sa classe de
jeunes adultes, son orgueil et la joie de leurs parents.
Son regard imposant et sévère tombe verticalement
sur un grand benêt de quatorze à quinze ans qui se
tient la tête basse, les bras ballants, hébété, abruti
par une obéissance et une docilité sans bornes. Quel
air stupide et comme il doit exercer la patience et le

nerf de bœuf du pédagogue ! Ses cheveux, d'un blond
filasse, capricieusement coupés sur le sommet de la
tête, laissent pendre deux mèches longues et plattes
sur ses joues rosées. Son gilet d'indienne à fleurs violettes, orné de larges boutons d'étain non pareils, s'efforce d'atteindre jusqu'à une culotte de toile brune
entre-bâillée au genou : les autres personnages sont
traités à l'avenant.

Le troisième tableau, d'un style sévère, contraste
de la manière la plus énergique avec le précédent.

Dans une salle basse éclairée par des vitres en cul-
de-bouteille, une famille de paysans est réunie autour
d'un cercueil peint en noir, sur lequel brûlent trois
cierges. Le plancher est jonché de bouquets de buis.
— Le fils ou le frère du défunt lit la prière des tré-
passés. — La douleur est profondément sentie et très-
vigoureusement exprimée.

— Le *Soleil couchant dans les bois*, par M. Bo-
dom, donne aux troncs noueux des chênes l'aspect fantastique de chimères colossales accroupies sur le bord
d'un torrent. — Il y a de l'air dans ce paysage. Les
lointains fuient dans une grande profondeur.

— La *Vue prise dans les hautes montagnes de la
province de Bergen* (Norwége) nous montre un bel
effet de neige fondant aux premiers rayons d'un soleil
de printemps.

— Trois peintres de genre, d'un grand talent, re-présentent très-dignement le Danemark à notre Ex-position. M. Exner a deux toiles qui sont deux petits chefs-d'œuvre : dans le premier, le *Paysan de l'île d'Amack*, Un grand-papa encore vert, avec bonnet de laine blanche, veste et larges culottes de tiretaine brune et de gros sabots cerclés de fer, rappelant le costume des Bas-Bretons, reçoit la visite d'un marmot endimanché, son petits-fils, selon toute apparence. L'intérieur de la cabane, le rouet, le coq dressé sur ses ergots, le pichet d'étain fourbi comme de l'argent, tous les détails et les ustensiles de ménage son ren-dus avec une perfection admirable.

Le deuxième, le *Repas champêtre chez un paysan de l'île d'Amack*, est d'une franchise et d'une gaieté charmante.

Un jeune garçon rosé, adossé à une table, raconte des gaudrioles à une belle jeune fille, qui l'écoute en riant, et oublie de mêler dans sa tasse le café que vient de lui verser une jeune femme un peu plus âgée. Les paysans attablés dans le fond à jouer aux cartes sont vivants.

— Le *Petit tambour le lendemain de sa première communion*, de M. Monier, est une délicieuse petite toile dans le goût des précédentes.

Le grand-papa s'est levé de son fauteuil, il a laissé, pour un instant, sur la table où il lisait, sa pipe et sa

Bible ornée d'images; il fouille à sa poche et met un
gros sou dans la main de son petit-fils, qui se présente
en grande tenue, pantalon blanc, habit rouge, ourson à
visière, avec le gorgerin sous le menton et le sabre au
côté : la grand'mère a quitté son dévidoir pour l'embrasser à son tour.

A la porte d'entrée, un ami du même âge et de la
même communion, en habit et pantalon noirs, gilet de
satin noir et cravate de mousseline blanche nouée en
rosette, — brosse avec la manche de son habit son
chapeau tirant légèrement sur le rouge, et attend, avec
une certaine satisfaction, le résultat de sa visite. Il
y a dans cette petite toile une grande observation, un
sentiment comique et des gestes naturels.

Cet artiste danois est bien certainement, quoiqu'il le
laisse ignorer, un élève très-remarquable d'un maître
de Paris.

— Il se peut faire que vous n'ayez pas remarqué
un tout petit tableau de quelques centimètres carrés,
cloué derrière la cloison de planches placée devant les
portes du milieu de l'hémicycle : — cette toile est in-
scrite au livret sous le n° 2276, et porte pour titre :
*Berger gardant son troupeau dans les bruyères du
Jutland*, par M. Vermehren.

C'est tout bonnement une des meilleures peintures
de l'Exposition. Si vous ne la connaissez pas, faites le
voyage exprès, elle en vaut la peine.

Comme il ressemble peu aux bergers du Lignon, avec sa casquette bleue usée et rapiécée et ses longs cheveux blancs, ce vieux pâtre danois doré par le soleil, comme un abricot en plein vent ! Sur son gilet d'étoffes blanches à petites raies rouges horizontales, garni de boutons de métal dépareillés, une gibecière en toile, pendue à son cou par une lanière en cuir, contient les provisions de la journée. On compterait plutôt les brins de bruyère rose dans laquelle il enfonce à mi-jambe que les mille pièces de son pantalon rapetacé avec une tendresse et une patience admirables. Grâce à ce procédé ingénieux, ce pantalon descend peut-être des premiers rois pasteurs et peut user encore plusieurs générations de bergers.

Quel honnête et placide figure ! il s'arrête un instant à vous regarder, tout surpris de l'intérêt qu'il inspire : mais pour cela ses doigts n'en continuent pas moins de dérouler le peloton de laine blanche attaché sur sa poitrine, au pli de l'épaule, et de tricoter sa paire de bas. Son chien, haletant de chaleur, est couché à ses pieds, l'œil fixé sur le troupeau de brebis paissant un peu plus loin.

Il est impossible d'imaginer rien de plus original, de plus simple, de plus vrai et de plus étudié que ce petit tableau de M. Vermehren.

XIII

**DESSINS. — AQUARELLES, — GRAVURES. —
LITHOGRAPHIES.**

Parmi les dessins, nous placerons au premier rang,
en France : le *Retour à la Mecque*, la *Cérémonie du
Dosseh au Caire*, et le *Barbier arménien*, de M. Bida.

Parmi les aquarelles : Les *Sept péchés capitaux*,
de M. Yvon. — Trois bons *portraits*, de M. Pollet.

En Angleterre : Une *Soirée au château de Balmo-
ral*, par M. Haay. — La *Salle d'audience à Bruges*,
de M. Haghe. — *Lièvre et Ramiers*, le *Joueur de
cricket* et une *Froide matinée*, par M. Whunt.

Malgré la réputation justement méritée des graveurs de la Grande-Bretagne, nous croyons que les
gravures de MM. Henriquel Dupont, Martinet, Cala-
matte, Cornillet, Pollet, Gouttière et François peuvent
soutenir la comparaison avec les belles gravures anglaises de Cousins, Burnet, Ackinson, Wilmore, Ward,
Shenton, Robinson, Scholing.

Il y aurait injustice à ne pas citer parmi les meilleurs graveurs de Prusse MM. Eichens, Hoffmann, Ja-
coby, Habelmann et Seidel. M. Demannez, en Belgique.

MM. Mouilleron, Laurens, C. Nanteuil, François,
Leroux, Loutrel, Noël, Desmaisons, Coulange, Teis-
sier, Sudra, Aubry, Lecomte, représentent supérieu-
rement la lithographie de Paris à l'Exposition.

XIV

SCULPTURE.

Le catholicisme a tué la forme; les longues draperies des vierges, des martyrs et des apôtres offrent peu de ressources au ciseau du statuaire : aussi l'art moderne est-il forcé de rentrer invariablement dans les Faunes, les Nymphes et les Vénus du paganisme.

La description la plus patiente et la plus minutieuse ne réussira jamais qu'à donner une idée très-incomplète d'une statue. Nous nous bornerons donc à citer avec éloges : une statue monumentale de la *Douleur*. par M. Christophe. — *Bacchias*, marbre de M. Barre. Les attaches sont fines et savantes, les formes élégantes et gracieuses. — L'*Amour se coupant les ailes*, marbre de M. Bonnassieux. — La *Vérité*, par M. Cavelier, rejette sa tunique pour se montrer dans sa chaste nudité. Le corps est bien modelé, mais la physionomie nous a paru légèrement obscurcie par la tristesse. — *Cléopâtre*, bronze de M. Daniel. — Le *Baigneur*, de M. Dantan aîné. — La statue en marbre de *Chateaubriand*, par M. Duret. — Le *Faucheur*, bronze de M. Guillaume. — *Faune jouant avec un chevreau*, de M. Hennery. — La *statue de Montaigu*, de M. Lanno. La tête, pleine de pensée, exprime bien l'intelligence hésitant entre le pour et le contre. — Le

Faune dansant, de M. Lequesne. — Une *Nymphe*, marbre par M. Loison. Gracieuse de formes, mais les attaches des épaules laissent à désirer. — Un *Histrion* et un *portrait*, par M. Mélingue. — L'*Été*, de M. Moreau. — L'*Ange des berceaux*, par M. de Nogent. — Le *Chien courant blessé, Ravageot et ravageode, Chatte et ses petits*, de M. Fremiet.

La Grande-Bretagne nous a envoyé des jeunes filles de marbre d'une élégance de formes ravissante : une *Jeune fille se préparant pour le bain* avec une gaucherie pleine de pudeur. — *Ève hésitant* et une *Jeune fille lisant*, par M. Macdowell. — La *Baigneuse*, de M. Lawhor. — *Satan tentant Ève*, de M. Stephens.

M. Mogni est, de tous les sculpteurs autrichiens, celui que nous préférons. *David, Angélique* et la *Femme masquée* peuvent entrer en comparaison avec les bonnes statues de la France et de l'Angleterre.

Le défaut d'espace nous force à renvoyer à une autre livraison notre examen de la photographie.

PARIS — TYP. SIMON PAÇON ET Cᵉ, RUE D'ENFURTH, 1.

REVUE

DE

L'EXPOSITION UNIVERSELLE

AGRICULTURE

—

I

En entrant dans le Palais de l'Industrie, l'œil est d'abord émerveillé de la grandeur imposante du spectacle : on s'oublie à admirer les hautes glaces de Saint-Gobain, les soieries de Lyon, les dentelles, les cris-

13

taux, les bronzes, les marbres..., toutes les richesses du luxe, toutes les merveilles de l'industrie ; puis, peu à peu, la réflexion arrive, et l'on se demande quelle est la cause qui a enfanté tous ces prodiges.

Est-ce le commerce ? — Non, le commerce est une industrie essentiellement parasite, ne vivant que des produits de l'industrie. Sont-ce les fabriques ? — Non, car les manufactures ne sont alimentées que par l'agriculture : l'agriculture, voilà, la cause première, nécessaire, indispensable, de toute richesse, de toute prospérité nationale : — voilà la base du commerce, de l'industrie, de la civilisation !

Cherchez alors les produits et les instruments agricoles à l'Exposition universelle... vous ne les trouverez ni dans le transsept, ni dans les galeries : le matériel et les produits agricoles, au lieu de figurer à la place d'honneur, sont relégués, partie dans l'annexe, partie dans un hangar construit après coup, et partie laissés en plein air.

Nous sommes un peu comme ces parvenus qui rougissent du métier qui les enrichit. Mais qu'importe après tout la place, pourvu que l'agriculture figure à l'Exposition : — Sans doute ; mais ce fait, insignifiant en apparence, prouve à quel point les notions économiques les plus élémentaires sont ignorées non-seulement de la foule, mais encore des hommes les plus remarquables d'ailleurs. — D'où vient cette ignorance ?

— de notre éducation universitaire d'abord, — puis de la faute des gouvernements qui jusqu'en 1850 n'ont rien fait pour propager l'instruction agricole. Les notions les plus simples sont enfermées dans de gros volumes qui ne sortent guère du cercle restreint d'hommes spéciaux.

Cependant, comme ces questions intéressent au plus haut degré non-seulement la prospérité, mais encore l'alimentation publique, nous allons voir ce qui se fait en agriculture, ce qu'il serait possible de faire.

II

L'économie politique de la France est encore aujourd'hui divisée en deux systèmes représentés par les deux plus grands hommes d'État de la monarchie. D'après Sully, « le plus grand et le plus légitime gaing et revenu des peuples procède principalement du labour et culture des terres ».

Plus financier qu'agronome, Colbert, se plaçant à un point de vue différent, favorisa exclusivement notre développement manufacturier : ce système a été suivi par tous les gouvernements qui se sont succédé depuis deux siècles.

Cependant la déconfiture du système financier de Law remua profondément les esprits ; le système de Sully reprit faveur ; Quesney, Bertin et Turgot soulevèrent les grandes questions agricoles, et demandèrent, dès cette époque, ce que nous demandons tous aujourd'hui : — le défrichement des terres incultes, le desséchement des marais, le partage des biens communaux, la constitution de l'enseignement agricole et des sociétés d'agriculture, le reboisement des montagnes, l'établissement des canaux d'irrigation, la vulgarisation des prairies artificielles, et la suppression des obstacles sans nombre qui s'opposent à l'amélioration du sol.

Personne n'a jamais discuté ou méconnu l'utilité et l'opportunité de ces grands travaux : cependant, à part quelques tentatives isolées, ces aspirations généreuses sont jusqu'à ce jour restées à l'état purement théorique.

Le tort de ces deux systèmes est de s'exclure, au lieu de se compléter. Colbert n'avait pas assez réfléchi que négliger l'agriculture, c'était nuire aux fabriques ! Sully ne voyait pas que délaisser les manufactures, c'était préjudicier à l'industrie agricole. En effet, si les cultivateurs ont besoin des fabriques pour écouler leurs produits, celles-ci ne demandent-elles pas à l'agriculture les matières qu'elles transforment incessamment ?

S'attacher exclusivement aux fabriques, n'est-ce pas les réduire à recourir à l'étranger, et pour l'achat des matières premières, et pour la vente de leurs marchandises? car le cultivateur qui récolte peu consomme peu de produits manufacturés [1].

Il y a dans le travail national trois forces bien distinctes, qui toutes tendent à la satisfaction du besoin de l'homme : l'agriculture fournit les céréales, le vin, les plantes fourragères, le bois, les animaux qui servent à le vêtir et à le nourrir; l'industrie transforme ces produits; le commerce les offre au consommateur.

Le premier aliment de la richesse publique est sans contredit l'agriculture ; le commerce et les manufactures ne peuvent prospérer qu'à la condition d'avoir en abondance des produits à vendre et à transformer : cela est de la dernière évidence. Seront-ce les manufactures et le commerce qui fourniront aux compagnies des chemins de fer des matières et des voyageurs en quantité suffisante pour leur donner des bénéfices? Non; il n'y a d'avenir, de prospérité, pour les compagnies, les manufactures, le commerce et la nation tout entière, que dans le développement de notre agriculture, qui, en donnant le bien-être et l'aisance à vingt-un millions d'individus, multipliera les voyages et les transactions à l'infini.

Au reste, les chiffres établiront d'une manière plus

[1] *Manuel de droit rural*, par Jacques de Valserres.

éloquente, la haute importance de cette partie du revenu national.

La production végétale s'élève
annuellement à. . . . . 3,480,087,000 fr.
   La production animale, à. . 1,770,368,000
                         Total. . . . . . 5,250,455,000 fr.

Tandis que le revenu des manufactures ne dépasse guère un milliard cinq cents millions.

III

On croit assez généralement en France que, dans les années abondantes, l'excédant de la récolte sur les besoins de la consommation est fort considérable, et peut suffire à combler le déficit de plusieurs années de disette. Cependant cette erreur déjà bien vieille a été signalée dans une lettre de Turgot à l'abbé Terray.

« La France, écrit-il, rapporte, dans les années ordinaires, du blé pour treize mois, — pour dix mois seulement dans les années faibles; les bonnes assurent la subsistance pendant quatre cent cinquante jours ou trois mois plus que l'année; mais je sais combien, dans ce cas, l'abondance amène promptement le gaspillage qu'elle permet et la négligence qu'elle entraîne. »

Une simple comparaison entre la production et la

consommation de la France suffira pour nous convaincre de la vérité de cette assertion.

La Flandre, la Picardie, la Beauce, le Berri, sont les provinces qui produisent les récoltes les plus abondantes; mais les plus beaux blés sont ceux du Dauphiné, du Languedoc et de la Provence. Le département du Nord donne en moyenne vingt hectolitres par hectare; — la Dordogne quatre hectolitres. La moyenne du rendement des céréales est de douze hectolitres quarante-cinq litres pour le froment.

On évalue au chiffre rond de quatorze millions d'hectares l'étendue du sol consacré à la culture des diverses céréales. Ces quatorze millions d'hectares produisent année commune cent quatre-vingt-deux millions d'hectolitres évalués à deux milliards de francs. Les céréales, si elles étaient également divisées, donneraient pour chaque individu deux hectolitres soixante et onze litres, ou trois cent vingt-huit rations de pain par an; mais dans ces chiffres il faut comprendre les malheureux qui ne vivent que de seigle, d'avoine, d'orge ou de maïs, ce qui réduit à dix-neuf millions le nombre d'individus se nourrissant de froment pur.

« Statistiquement parlant, en France, chaque habitant consomme par an, en moyenne : de froment, méteil, seigle, deux hectolitres soixante-onze litres, — ce qui fait trois cent vingt-huit rations de pain par indi-

13.

vidu par an ; — de viande, vingt kilogrammes ; — de
vin, soixante-dix litres ; — de sucre, trois kilogrammes
et 2/5 : ce qui veut dire, HUMAINEMENT parlant, qu'il
y a en France plusieurs millions d'individus qui
ne mangent ni pain, ni viande, ni sucre, et qui ne
boivent point de vin ; car tous les gens riches consom-
ment bien au delà de cette moyenne, c'est-à-dire trois
cent soixante-cinq rations de pain, au lieu de trois cent
vingt-huit ; cent quatre-vingts kilogrammes de viande,
au lieu de vingt kilogrammes ; trois cent soixante-cinq
litres de vin, au lieu de soixante-dix ; et cinquante
kilogrammes de sucre, au lieu de trois kilogrammes
et 2/5 [1]. »

Voilà pour les années ordinaires... Qu'on juge, après
cela, des calamités qu'entraînent les années mauvaises.
Tout le monde alors accuse le gouvernement d'impré-
voyance : et que voulez-vous que fasse le gouvernement ? Dans son discours d'ouverture de la session de
1854, l'Empereur disait :

« L'insuffisance de la récolte a été estimée à environ dix millions d'hectolitres de froment, représentant
une valeur de près de trois cents millions de francs,
et le chargement de quatre mille navires.

« Le gouvernement pouvait-il entreprendre l'a-
chat de ces dix millions d'hectolitres sur tous les

---

[1] *Extinction du paupérisme*, par le prince Louis-Napoléon.

points du globe, pour venir ensuite les vendre sur tous les marchés de la France ? »

Évidemment non; aussi le gouvernement de l'Empereur saura-t-il, nous n'en doutons pas, prévoir et empêcher le retour d'une pareille calamité.

— Comment? En réalisant les idées généreuses du prince Louis-Napoléon.

« L'industrie appelle tous les jours les hommes dans les villes et les énerve. Il faut rappeler dans les campagnes ceux qui sont de trop dans les villes, et retremper en plein air leur esprit et leur corps.

« La classe ouvrière ne possède rien, il faut la rendre propriétaire ; il faut donner à ses bras un emploi utile pour tous. Elle est comme un peuple d'ilotes au milieu d'un peuple de sybarites ; il faut lui donner une place dans la société et attacher ses intérêts à ceux du sol. Enfin elle est sans organisation et sans liens, sans droits et sans avenir ; il faut lui donner des droits et un avenir, et la relever à ses yeux par l'association, l'éducation, la discipline.

« Qu'y a-t-il donc à faire? Le voici : Notre loi égalitaire de la division des propriétés ruine l'agriculture : il faut remédier à ces inconvénients par une association qui, employant tous les bras inoccupés, recrée la grande propriété et la grande culture, sans aucun désavantage pour nos principes politiques [1].

[1] *Extinction du paupérisme*, par le prince Louis-Napoléon.

Que le gouvernement favorise ou décrète même la mise en culture, le défrichement des dix ou douze millions d'hectares de terres incultes qui couvrent encore le sol de la France, — le desséchement des marais, des étangs, — le partage ou la vente des biens communaux. Et l'agriculture, hier encore paralysée par la routine, rongée par l'usure, sans instruction, sans capitaux, sans direction supérieure, sans encouragement, pourra demain, non pas seulement doubler, mais quintupler le revenu annuel de la France!

IV

MARAIS.

Dans une proposition que présenta M. Laffitte, à la session des Chambres de 1833, sur le desséchement des marais, il évalue à 800,000 hectares la surface envahie par des foyers d'émanations fétides.

« Si on compare dit-il, l'étendue des marais à celle du pays, qui est de 27,850 lieues carrées, on découvre cette effrayante proportion, que les marais occupent la quatre-vingt-septième partie du territoire... Qu'on fasse des enquêtes sur les lieux, ou des recherches dans les registres publics ; et on acquerra la certitude que, dans les campagnes de ces départements, le chiffre de la mortalité, proportion gardée, est supérieur à celui des autres, et le chiffre de l'accroissement de la population, inférieur... Évaluez la valeur de cette étendue, et supposez-en le revenu à 50 fr. l'hectare seulement, — le revenu total sera de quarante-quatre millions; si vous le calculez sur le pied de trois pour cent, taux ordinaire des fermes, il présente un capital de un milliard et demi. »

Dès le mois d'août 1790, la Constituante considérait les desséchements des marais « comme une des questions les plus urgentes et les plus essentielles à entreprendre » Dans le préambule de la loi du 26 décembre 1790 elle déclarait :

« Que l'un des premiers devoirs du gouvernement était de veiller à la conservation des citoyens, à l'accroissement de la population et à tout ce qui peut favoriser l'augmentation des subsistances... Que le seul moyen de donner à la fortune publique tout le développement qu'elle peut acquérir est de mettre en culture toute l'étendue du territoire... Qu'il est de la nature du pacte social que le droit sacré de propriété particulière, protégé par les lois, soit subordonné à l'intérêt général... Enfin, qu'il résulte de ces principes que les marais, soit comme nuisibles, soit comme incultes, doivent fixer toute l'attention du corps législatif... »

Malgré ces graves considérations, la question du défrichement des marais est encore, en 1855, au point où elle était en 1790.

V

ÉTANGS.

Tous les écrivains qui se sont occupés de la question des étangs, le docteur Bottex, MM. Puvis, Varennes, etc., reconnaissent que l'on doit à leur formation l'abandon de la culture, l'appauvrissement du sol et la dégénérescence de la population : les miasmes qui se dégagent de leurs eaux fétides sont funestes non-seulement aux hommes et aux animaux, mais encore aux céréales.

On compte en France deux cent mille hectares de terres couvertes par les étangs, produisant un revenu moyen de 10 francs par hectare, tandis que les céréales rendent en moyenne 197 francs par hectare...

« En donnant à chaque hectare une valeur de 500 francs, on obtient pour tous les étangs du royaume un capital de 100 millions. En supposant ces mêmes terrains couverts de prairies ou de céréales, il est facile d'admettre qu'ils vaudraient 2,000 fr. l'hectare, c'est-à-dire que le défrichement procurerait un bénéfice de 300 millions... Ces résultats sont incontestables, puisqu'ils reposent sur des faits. M. Puvis cite de nombreux exemples, qui tous ont produit de beaux bénéfices. Ainsi un étang qui alimentait un moulin, et dont le revenu n'était que de 300 francs, en a rendu 2,000 une fois converti en prairie. Un autre étang, affermé 1,000 fr., en rapporte aujourd'hui 6,000. L'étang de Marseillette, d'une superficie de deux mille hectares, desséché par écoulement, forme à l'heure qu'il est quatorze fermes, toutes d'un produit consirable [1].

VI

LANDES. — COMMUNAUX.

On évalue à huit millions d'hectares environ l'étendue des landes qui déshonorent la Gascogne, la Touraine, le Berri, le Limousin, le Poitou, et surtout la Bretagne.

De ces huit millions d'hectares, les particuliers n'en possèdent que cent dix mille, et l'État quarante mille ! — Le reste appartient aux communes.

Les terrains livrés au parcours rendent en moyenne 8 fr. par hectare ; cultivés en céréales, ils donneraient 197 fr., et une somme plus considérable s'ils étaient convertis en prairies irriguées... Calculez quelle perte effrayante pour la propriété publique !

Bien des lois, bien des décrets déjà ont ordonné la

[1] Jacques de Valserres.

mise en valeur de tous ces terrains improductifs; mais lois, décrets et ordonnances sont venus se briser contre le mauvais vouloir, l'inertie ou l'ignorance des conseils municipaux.

« Le gouvernement, disait M. Passy, ministre des travaux publics, dans une circulaire du 6 août 1836, a employé tous les moyens pour amener les administrations municipales à mettre leurs biens communaux en culture; il a multiplié les instructions et les circulaires; ses tentatives ont échoué contre l'ignorance et l'esprit de routine, et aussi, il faut le dire, dans le sein des conseils municipaux, contre des intérêts nombreux et puissants! »

Ces obstacles existent toujours, nous sommes forcés de le reconnaître; mais nous avons l'espoir qu'ils disparaîtront un jour.

Le propriétaire ne défriche pas, parce qu'il manque de capitaux; les bras inoccupés s'expatrient ou affluent dans les villes; cette agglomération devient pour le gouvernement une cause d'embarras, et engendre des misères que l'assistance publique est chaque jour plus impuissante à soulager...

D'après les documents insérés dans le rapport de M. Watteville, « sur l'administration des bureaux de bienfaisance et sur la situation du paupérisme en France, » on compte neuf mille trois cent trente-six

bureaux de bienfaisance jouissant ensemble d'un revenu de 17,381,257 fr. 98 c.

Cette somme, répartie entre les neuf mille trois
cent trente-six communes ayant un bureau de bienfaisance, établit à DOUZE FRANCS soixante-dix centimes
la moyenne des secours annuels par indigent inscrit :
et, déduction faite de deux francs vingt-huit centimes
pour les frais d'administration, on a net DIX FRANCS
quarante-deux centimes pour chaque indigent.

« Quant à la moyenne générale de 10 fr. 42 c., déduction faite de 2 fr. 28 c. pour frais généraux d'administration, elle est tout à fait insuffisante, et l'on peut
dire hardiment que si la moyenne dont il s'agit n'était
pas distribuée aux pauvres, ces derniers n'en seraient
pas plus malheureux. Aussi regarde-t-on généralement comme inefficace ce qu'on appelle l'assistance
à domicile. »

« Que peuvent produire, en effet, quelques centimes dépensés en achats de viande, de vin, de vêtements, de combustibles? etc. RIEN; et l'on peut affir-
mer que l'indigent ne souffrirait pas davantage si
ces secours dérisoires, distribués si uniformément et
avec une complète inintelligence, cessaient de lui être
donnés mensuellement. Depuis soixante ans que
l'administration de l'assistance publique à domicile
exerce son initiative, on n'a jamais vu un seul indigent retiré de la misère et pouvant subvenir à ses

besoins par les efforts et à l'aide de ce mode de charité. Au contraire, elle constitue souvent le paupérisme à l'état héréditaire... Avec le système actuel,
on dépense dans le cours d'une année dix-sept millions pour venir en aide à quatorze cent mille indigents
dont le nombre se trouve exactement le même le
31 décembre de chaque année. »

« ... La misère, a dit M. Émile de Girardin, sera
toujours de ce monde, si elle n'a jamais pour l'en
chasser que la charité. »

Comment donc, sans diminuer les jouissances des classes élevées, donner satisfaction aux besoins légitimes
des masses? En augmentant la production... Et vous
n'augmenterez la production qu'en organisant l'agriculture, qu'en donnant au cultivateur un stimulant
énergique... l'espoir, la certitude qu'il peut devenir
un jour propriétaire à son tour !...

Par le défrichement des terres incultes, vous détrui-
sez le paupérisme et vous décuplez la fortune publique.

VII

COLONIES AGRICOLES.

Un des moyens les plus puissants serait sans contredit la création de colonies agricoles, dans lesquelles on
pourrait utiliser tous les bras inoccupés, les mendiants
valides, les vagabonds et les condamnés à des peines
non infamantes.

L'idée des colonies agricoles n'est plus seulement une théorie, c'est un fait consacré par des expériences nombreuses.

Nous ne parlerons pas ici des colonies militaires fondées dès le dix-septième siècle, en Suède, par Charles XI ; — en Prusse, par Frédéric ; — en Russie, par Catherine II ; — en Espagne, sous Charles III ; — et en Autriche, sous Marie-Thérèse.

En 1818, le général Van-den-Bosch fonda, en Hollande, sous le patronage du prince Frédéric, un établissement agricole où « l'indigence put trouver un abri contre la misère au moyen du travail. » Dès la fin de la première année, le succès avait si bien répondu aux espérances de ses fondateurs, que les colonies de *Ommerschans*, *Veen-Huysen* et *Wateren* vinrent successivement se grouper autour de la colonie du général hollandais. Quatre ans plus tard, les colonies de *Wortel* et *Merxplas* se fondèrent dans le royaume des Pays-Bas.

La France a rarement eu l'honneur de revendiquer la gloire des initiatives généreuses : ce ne fut qu'en 1839 que la première colonie se fonda à Mettray, sous la présidence de M. le comte de Gasparin.

A la même époque, il faut placer la colonie d'*Oswald*.

La ville de Strasbourg entretenait une maison de refuge dont le budget augmentait dans des proportions telles, qu'une commission municipale en avait proposé la suppression.

Ce fut alors que M. Schutzenberger, maire et député de Strasbourg, rédigea un rapport remarquable *Sur les causes du Paupérisme et sur les moyens les plus convenables d'en prévenir et d'en corriger les effets.* Ses conclusions furent adoptées. M. Schutzenberger réunit tous les mendiants valides, tous les vagabonds, et aussitôt les travaux de défrichement commencèrent... Aujourd'hui la colonie est en pleine prospérité.

Puis se fondèrent successivement les colonies du Mesnil-Saint-Firmin, — de Petit-Bourg, — de Saint-Antoine, — du Petit-Mettray, — de Marseille, — de la Basse-Camargue, — de Montbellet, — de Bonneval, — de Petit-Quevilly, — du Montmorillon — et de Saint-Hilan.

Mais ces tentatives isolées, quel que soit d'ailleurs le motif généreux qui les a inspirées, sont plutôt la constatation d'un vice social qu'un remède d'une énergie suffisante.

VIII

Un simple rapprochement avec l'Angleterre suffira pour démontrer à quel point l'agriculture est arriérée en France, et ce que pourrait une théorie simple, protégée par la volonté puissante du gouvernement.

La France comprend cinquante-deux millions sept cent soixante-huit mille six cent dix-huit hectares, dont quarante-deux millions huit cent quinze mille quatorze, sont productifs, et neuf millions neuf cent cinquante-trois mille six cent quatre improductifs.

L'Angleterre contient trente et un millions sept cent quarante mille six cents hectares, dont vingt-trois millions quatre cent quatre-vingt-dix-neuf mille six cents se prêtent à la culture, tandis que huit millions deux cent quarante et un mille n'en sont pas susceptibles.

D'après la statistique officielle, le revenu agricole est de 5,250,455,000 fr., produit par le travail de vingt et un millions d'individus; ce qui donne une moyenne de 225 fr. par tête. Le revenu agricole de l'Angleterre est de 5,725,720,000 fr., résultat du travail de huit millions de cultivateurs seulement; soit pour chacun un bénéfice de 715 fr.

Ainsi, sur un territoire d'une étendue moitié moins grande, avec deux tiers moins de bras, le revenu de la Grande-Bretagne est plus considérable que le nôtre.

La France possède en nombre rond : trois millions de chevaux, — dix millions de bêtes à cornes, — trente-deux millions de bêtes à laine.

L'Angleterre compte : trois millions de chevaux, — seize millions de bœufs, — cinquante-sept millions de moutons.

Dans leur *Précis d'agriculture*, MM. Payen et Richard, comparant notre agriculture à celle de nos voisins, écrivent : « En Angleterre, par suite des assolements judicieux et bien assortis auxquels les cultivateurs se sont en général arrêtés, et surtout à cause de l'énorme quantité de bestiaux et particulièrement de moutons élevés dans chaque ferme, cent hectares de terres cultivées peuvent fournir la nourriture d'environ deux cent quatre-vingts habitants. En France, où les terres sont aussi bonnes que chez nos voisins, en France, où le climat est sans contredit bien supérieur, bien plus favorisé par la nature que celui de la Grande-Bretagne, un même espace de terres cultivées ne peut nourrir que cent quarante et un habitants, c'est-à-dire à peu près moitié moins. D'où vient cette infériorité de production de notre pays ? Uniquement d'une agriculture encore si généralement arriérée et routinière. » (T. 1er, p. 184.)

Les auteurs avancent avec raison que notre production en céréales pourrait être presque doublée sans augmenter l'étendue des terres actuellement cultivées, uniquement par les perfectionnements à introduire dans notre agriculture et par deux moyens à peu près infaillibles, savoir : 1° en augmentant l'étendue des terres consacrées à produire les plantes propres à la nourriture des bestiaux ; et, 2° par suite, en augmentant dans d'énormes proportions le nombre des bestiaux que nous élevons.

Que serait-ce donc, à quel degré de bien-être arri-
verions-nous si à ces moyens nous ajoutions le drainage, les labours profonds à la vapeur, le défrichement, l'emploi si économique de la grande mécanique
agricole, etc. ?

« Le fermier anglais intelligent n'entreprend jamais
une culture, dit M. Chaumel-Adam, sans le capital nécessaire pour l'étendue de la ferme, environ 1,250 fr.
par hectare. *Son premier travail est d'assainir le sol*
pour ne pas risquer une fausse application de ce capital, qu'il emploie immédiatement après à l'achat d'engrais, d'animaux perfectionnés. On peut dire que
toute l'agriculture anglaise repose sur le drainage, les
engrais artificiels et le choix d'animaux précoces et
perfectionnés des races bovine et ovine, selon la nature
de la ferme. »

« Je connais, dit M. de la Trehonnais dans le jour-
nal l'*Agriculture pratique,* des fermiers en Angleterre
qui ont équipage, chevaux, livrée, etc., et cela dans
un pays qui, il y a cinquante ans, n'était qu'un désert,
un marais infect, séjour des fièvres et des rhumatis-
mes, où l'herbe, la terre, l'eau, l'air, tout était em-
poisonné, et où maintenant on entend, dans des
fermes plus belles que la plupart des châteaux de notre
belle France, sises au milieu des campagnes les plus
riches et les plus saines, le bruit sonore d'un piano
touché par les mains blanches des fermières. »

Un cultivateur, qui vient de faire un voyage agronomique en Angleterre, M. Chaumel-Adam, émerveillé des résultats qu'il a constatés, écrit :

« Ces résultats, je suis honteux de l'avouer, sont obtenus dans des terres en général d'une qualité inférieure au sol de la France ; on peut même dire que le cultivateur anglais est arrivé à avoir des récoltes aussi belles sur les plus mauvaises terres. Les travaux de nos voisins doivent nous servir d'exemple, et c'est dans la mise en valeur de notre excellent sol que nous devons chercher, non pas à doubler, mais à quintupler la richesse de la France. »

IX

CAISSE D'ÉPARGNE IMMOBILIÈRE.

A quoi faut-il attribuer ces résultats merveilleux ? A une cause bien simple : — c'est que là, contrairement à ce qui se passe en France, l'exploitation du sol s'élève à la hauteur d'une industrie. La culture s'y fait, sur de larges proportions, par des fermiers dont les champs sont bien drainés, les étables remplies de bêtes à cornes, les écuries pleines de chevaux de trait, et les coteaux couverts de centaines de moutons... par des entrepreneurs, en un mot, pouvant disposer de capitaux considérables.

Le capital... tout est là !

En effet, ce qui manque surtout à l'agriculture en France, ce sont les capitaux ; ce qui paralyse tous les efforts, tous les progrès, c'est la misère....

Parlez donc de défrichements, de mise en culture, d'achat d'engrais, d'instruments aratoires, de races améliorées, d'assolements nouveaux à des malheureux cultivateurs qui manquent le plus souvent des choses les plus nécessaires à la vie !...

Aujourd'hui le cultivateur est en dehors des bienfaits de la civilisation; c'est encore, comme avant 1789, « un peuple d'ilotes au milieu d'un peuple de sybarites. »

Après avoir exploité une ferme pendant quarante ans, après les travaux les plus pénibles et les privations les plus douloureuses, après avoir payé à son propriétaire deux fois et trois fois la valeur de son immeuble, le cultivateur meurt en laissant sa femme et ses enfants dans la misère, ou bien, chassé de son village par la faim, il afflue dans les villes, ou va demander à l'Amérique du travail et du pain....

Celui qui reste attaché à la glèbe, résigné d'avance à tout souffrir pour ne pas quitter la masure où il est né, le coin de terre bénite où reposent ses parents et ses amis, travaille sans énergie, sans courage, sans espérance, car il comprend que ce n'est ni pour

14

lui ni pour les siens qu'il travaille : s'il met la terre en
valeur, s'il la force à produire davantage, il la payera
plus cher après l'expiration de son bail ! Voilà tout!

Quel intérêt le malheureux peut-il donc prendre au
progrès agricole et aux découvertes que vous lui vantez?

L'achèvement prochain de nos lignes de chemin de
fer va permettre aux capitaux de venir enfin en aide
aux travaux de l'agriculture.

Mais l'industrie, née d'hier en France, est encore
timide dans ses essors; — elle attend l'impulsion,
l'initiative de l'autorité supérieure : pourquoi le gouvernement ne ferait-il pas pour l'agriculture ce qu'il
a fait pour le commerce, d'abord, qui ne produit
rien, pour les manufactures, ensuite, dont la prospérité dépend de la richesse agricole?

Pourquoi le gouvernement ne ferait-il pas à l'agriculture les avances qu'il a déjà faites aux premières
compagnies des chemins de fer ?

Le premier devoir d'un gouvernement est de pourvoir à la prospérité publique, ce qu'il ne peut faire
qu'en développant l'agriculture par la mise en
valeur de toutes les parties du territoire — que l'in-
curie, le manque de capitaux, la résistance des
particuliers ou des communes laissent improduc-
tives.

Le défrichement des terres incultes se lie étroite-
ment à l'extinction du paupérisme. Cette plaie sociale,

qui se développe avec le régime manufacturier, est venue affliger la France après avoir couvert l'Angleterre de sa lèpre hideuse. Des enquêtes récentes, faites à Lyon, à Lille, à Mulhouse, à Rouen et à Paris, nous ont initiés aux profondes misères des classes ouvrières.

« L'industrie, cette source de richesses, n'a aujourd'hui ni règle, ni organisation, ni but ; c'est une machine qui fonctionne sans régulateur ; peu lui importe la force motrice qu'elle emploie, broyant également dans ses rouages les hommes comme la matière, elle dépeuple les campagnes, elle agglomère les populations dans des espaces sans air, affaiblit l'esprit comme le corps et jette ensuite sur le pavé, quand elle n'en sait plus que faire, les hommes qui ont sacrifié, pour l'enrichir, leur force, leur jeunesse, leur existence ; véritable Saturne du travail, l'industrie dévore ses enfants et ne vit que de leur mort [1]. »

Voilà le mal, essayons d'indiquer le remède :

Tous les hommes pratiques l'ont reconnu depuis longtemps déjà : rien n'est plus funeste que de soulager l'infortune par des secours en nature. Le travail ennoblit, l'aumône dégrade. Donner des vivres et des vêtements aux personnes valides, c'est perpétuer le paupérisme au lieu de l'éteindre, c'est développer la paresse et tous les désordres qu'elle entraîne,

---

[1] *Extinction du Paupérisme*, par le prince Louis-Napoléon.

c'est percevoir sur les producteurs une taxe que rien
ne justifie; au contraire, procurer du travail à ceux
qui en manquent, c'est attaquer le paupérisme jusque
dans sa racine, c'est tendre une main secourable aux
intelligences que la misère démoralise, c'est, en un
mot, accroître les forces productives de la nation, et
par suite, augmenter son bien-être. Le cri de tout
homme vraiment philanthrope doit donc être : Plus de
bureaux de bienfaisance! organisation des colonies
agricoles [1]! — Ou mieux encore : Création de CAISSES
D'ÉPARGNE IMMOBILIÈRE !...

Que le cultivateur ait la certitude ou seulement
l'espoir de devenir un jour, par son travail, propriétaire de sa maison, de sa ferme, de son champ..., et
calculez quelle impulsion énergique vous donnez au
développement de l'agriculture! L'exécution est facile,
le succès assuré.

Que le gouvernement fonde UNE CAISSE D'ÉPARGNE
IMMOBILIÈRE, — qu'il encourage la constitution d'une
société agricole puissante, disposant d'un immense
capital et procédant comme procèdent les compagnies concessionnaires de chemins de fer, par expropriation et appropriation pour cause d'utilité générale.

Cette compagnie, jouissant du droit d'expropriation
sous la surveillance de l'État, achètera des terres in-

[1] *Manuel de droit rural*, par Jacques de Valserres.

cultes pour les mettre en valeur, reconstituera la grande propriété sans danger pour nos institutions politiques, vulgarisera les progrès de l'art, les découvertes de la science, toutes les économies, tous les perfectionnements, toutes les commodités réalisables.

Elle introduira dans notre agriculture l'emploi si économique de la grande mécanique agricole; les labours profonds à la vapeur, le défrichement, le drainage; elle enseignera aux cultivateurs à augmenter l'étendue des terres consacrées à produire les plantes propres à la nourriture des bestiaux, et, par suite, le nombre des bestiaux nécessaires à l'alimentation publique, etc., etc.

Pour stimuler autant que possible l'activité du cultivateur, pour encourager son économie, pour lui rappeler sans cesse le but de son travail, de ses efforts, la société émettrait des bons immobiliers par coupures de vingt francs, produisant un intérêt de cinq pour cent par an. Du jour où il aura fait son premier versement, le fermier se sentira déjà un peu propriétaire, il aura grandi dans sa propre estime, il calculera dans sa pensée le moment où, de simple fermier, il deviendra enfin propriétaire de son champ, de sa ferme ou de sa maison.

Ses économies, aujourd'hui enfouies ou gaspillées en pure perte, lui permettraient de rembourser, par faibles à-compte, les sommes que la société lui aurait avancées.

14.

Dans la CAISSE D'ÉPARGNE IMMOBILIÈRE il trouverait des ressources assurées pour les années mauvaises, le bien-être et le repos pour sa vieillesse.

X

La réalisation de ce projet peut soulever deux objections : — la première est l'atteinte portée à la propriété.

La société, dirons-nous aux propriétaires, vous garantit la paisible possession de vos propriétés, mais à la condition que vous supporterez les sacrifices que l'intérêt général peut réclamer : la prospérité de l'État exige la mise en valeur des terrains improductifs; exécutez les travaux vous-mêmes, ou souffrez que les compagnies agissent pour vous. D'ailleurs, de quoi vous plaignez-vous ? L'expropriation précédée d'une indemnité préalable aura lieu d'après les formes de la loi du 3 mai 1841.

La seconde objection serait l'avantage fait à la compagnie de la caisse d'épargne immobilière.

La réponse est facile : tout le monde reconnaît que la mise en valeur du sol improductif aurait pour résultat inévitable de doubler au moins la richesse du pays : — que cette opération nécessiterait l'emploi de capitaux considérables... Mais, si l'on veut que les capitaux affluent vers l'agriculture, il est nécessaire qu'ils y soient attirés par un intérêt avantageux, sans quoi ils trouveront leur emploi dans l'industrie; et puis ne vaut-il pas mieux voir une compagnie s'enrichir que de laisser enfouis des trésors improductifs, que de voir la lèpre hideuse du paupérisme envahir chaque jour les villes et les campagnes?

D'ailleurs, est-ce que, par le fractionnement du capital, tous les citoyens ne sont pas appelés à participer à cette opération? est-ce que tous les hommes sans travail et sans emploi ne trouveraient pas l'emploi de leur bras et de leur intelligence?

« Les caisses d'épargne immobilière doivent produire le même effet bienfaisant que ces monastères qui vinrent au moyen âge planter au milieu des forêts, des gens de guerre et des serfs, des germes de lumière, de paix, de civilisation.

— « Pour accomplir un projet si digne de l'esprit démocratique et philanthropique du siècle, si nécessaire au bien-être général, si utile au repos de la société, il faut trois choses; 1° une loi; 2° une première mise de fonds prise sur le budget; 3° une organisation.

« 1° LA LOI. — Il y a en France, d'après la statistique agricole officielle, neuf millions quatre-vingt-dix neuf cent mille hectares de terres incultes, qui appartiennent, soit au gouvernement, soit aux communes, soit à des particuliers. Ces landes, bruyères, communaux, pâtis, ne donnent qu'un revenu extrêmement faible, huit francs par hectare. C'est un capital mort qui ne profite à personne.

« Que le gouvernement décrète la mise en culture de toutes ces terres incultes, — qu'il donne aux bras qui chôment ces terres qui chôment également, et ces deux capitaux improductifs renaîtront à la vie l'un par l'autre. On aura trouvé le moyen de soulager la misère tout en enrichissant le pays.

« 2° LA MISE DE FONDS. — Les avances nécessaires à la création de ces établissements doivent être fournies par l'État. D'après nos estimations, ce sacrifice s'élèverait à une somme d'environ trois cents millions payés en quatre ans ; car, à la fin de ce laps de temps, les colonies agricoles, tout en faisant vivre un grand nombre d'ouvriers, seraient déjà en bénéfice. Au bout de dix ans, le gouvernement pourrait y prélever un impôt foncier d'environ huit millions, sans compter l'augmentation naturelle des impôts individuels dont les recettes augmentent toujours en raison de la consommation, qui s'accroît elle-même avec l'aisance générale.

« Cette avance de trois cents millions ne serait donc pas un sacrifice, mais un MAGNIFIQUE PLACEMENT. — Et l'État, en songeant à la grandeur du but, pourrait-il se refuser à cette avance pour détruire le paupérisme, pour affranchir les communes de l'immense fardeau que leur impose la misère, pour augmenter enfin la richesse territoriale de plus d'un milliard?

« 3° L'ORGANISATION. — Les masses sans organisation ne sont rien; disciplinées, elles sont tout. Sans
organisation, elles ne peuvent ni parler ni se faire
comprendre; elles ne peuvent même ni écouter ni
recevoir une impulsion commune. »

On ne nous accusera pas, j'espère, de nous égarer
dans des utopies impossibles, puisque l'auteur de ce
projet peut aujourd'hui le réaliser.

XI

DRAINAGE.

En attendant la réalisation de cette grande pensée
humanitaire, nous allons passer successivement en revue toutes les tentatives de perfectionnement par le
drainage et par le matériel agricole qui figurent à
l'Exposition.

Tous les cultivateurs connaissent les inconvénients
des terres couvertes d'eau stagnantes, et comprennent
l'intérêt que l'on a, sous tous les rapports, à donner à
cette eau surabondante un moyen régulier d'écoule-
ments, sans produire cependant une dessiccation complète aussi funeste qu'une trop grande humidité. C'est
le but que l'on se propose par l'opération connue sous
le nom de drainage.

Un agronome distingué d'un département voisin,

M. Martinelli, a dit quelque part : « Prenez ce pot de
fleurs ; pourquoi ce petit trou au fond ? Je vous demande cela parce qu'il y a toute une révolution agri-
cule dans ce petit trou. Il permet le renouvellement
de l'eau, l'évacuant à mesure. Et pourquoi renouve-
ler l'eau ? Parce qu'elle donne la vie ou la mort : la
vie, lorsqu'elle ne fait que traverser la couche de terre,
car d'abord elle lui abandonne les principes féconds
qu'elle porte avec elle, ensuite elle rend solubles les
aliments destinés à nourrir la plante ; la mort, au contraire, lorsqu'elle séjourne dans le pot, car elle ne
tarde pas à se corrompre et à pourrir les racines, et
puis elle empêche l'eau nouvelle d'y pénétrer. Le
drainage n'est que ce petit trou du pot de fleurs mé-
nagé dans tous les champs. »

Les méthodes d'assainissement au moyen de rigoles
souterraines sont connues et mises en œuvre depuis
un temps illimité ; mais elles ne sont devenues d'une
application facile, économique et générale que depuis
les perfectionnements apportés en Angleterre par l'emploi des tuiles et surtout des tuyaux en terre cuite.

L'emploi des poteries dans le drainage, l'emploi de
puissantes machines pour la fabrication de ces poteries,
voilà l'invention anglaise, et j'ajoute que l'éternel honneur des hommes d'État de l'Angleterre, — c'est d'avoir
compris quels admirables résultats pouvaient résulter
de l'application du drainage dans les terres humides et

à sous-sol peu perméable; c'est, — contrairement aux habitudes du gouvernement anglais, qui laisse toujours à l'industrie privée le soin de tirer parti de ces découvertes, — d'avoir encouragé ces améliorations agricoles, et, pendant que l'opinion publique hésitait encore, d'avoir consacré deux cents millions en avances aux fermiers pour travaux de drainage.

« Il m'est resté la conviction intime, dit M. Dumas, l'ancien ministre de l'agriculture, en examinant l'ensemble de la législation anglaise, que sir Robert Peel n'aurait pas modifié la législation des céréales, s'il n'avait pas eu une conviction et des idées complétement arrêtées sur les bienfaits que l'Angleterre pouvait attendre du drainage une fois qu'il aurait été généralisé.

« La première mesure qu'on a prise a été l'application au drainage du crédit *foncier*, qui n'existait pas lors de l'introduction du drainage. L'État a donné de l'argent aux propriétaires, à la condition qu'ils en feraient l'application au drainage, et que, dans l'espace de vingt à vingt-cinq ans, au moyen d'annuités, cet argent serait intégralement rentré à l'État. C'est le crédit foncier dans son expression la plus simple, mais fondé complétement par l'État.

« Quiconque n'a pas vu l'Angleterre en 1847 est hors d'état de se faire une idée de l'importance de cette opération, car c'est surtout alors qu'elle fut faite sur une grande échelle. Si, dans l'arrière-saison de 1847, vous étiez monté sur une colline, et si vous aviez regardé aussi loin que la vue pouvait s'étendre, vous auriez aperçu, à perte de vue, dans tous les sens, la terre sillonnée par les drains qui allaient être remplis, et rayée de lignes rouges produites par les tuyaux qu'ils allaient recevoir. Toutes les traces en ont disparu aujourd'hui. Mais croyez qu'on ne pourrait presque nulle part fouiller le sol anglais sans rencontrer des tuyaux de drainage. »

L'introduction, en France, du drainage à la manière anglaise, ne date que de l'année 1846. Le gouvernement, vers lequel nous tournons habituellement les yeux, de qui nous vient d'ordinaire l'impulsion en toute chose, n'a pu faire jusqu'à présent que peu de chose pour favoriser la propagation d'une si importante innovation agricole. A l'heure qu'il est, les encouragements qu'il a distribués pour cet objet ne s'élèvent pas en totalité à 100,000 fr. Et cependant il n'a nul doute sur l'efficacité du drainage; je n'en veux pour preuve que la loi présentée par le gouvernement et votée par le Corps législatif et le Sénat dans le courant de cette année.

M. Garreau, rapporteur de la commission du Corps législatif, disait à cette occasion : « Les récoltes des années 1846 et 1853 sont loin d'avoir suffi aux besoins de la France, et près de 660 millions de francs ont été employés à se procurer des céréales de l'étranger. Notre

gouvernement, après avoir pourvu avec autant d'intelligence que d'activité aux nécessités de la situation, s'est appliqué à rechercher les causes de ces disettes périodiques, ainsi que les moyens d'y apporter remède.

« Il a été constaté que l'insuffisance de production avait presque toujours coïncidé avec des saisons pluvieuses, et que le mal s'était fait principalement sentir dans les terres argileuses. Ces terres, si fertiles pendant les années suffisamment sèches, ont été, en 1846 et 1853, frappées d'une telle stérilité, que les fermiers n'ont pu guère apporter sur les marchés que la moitié de l'approvisionnement ordinaire; d'où l'on doit tirer cette conséquence, que les moyens employés dans notre pays pour l'asséchement des terres humides sont complétement insuffisants. Et n'allez pas croire, messieurs, que ces terrains soient en minime proportion parmi les terres cultivables de notre France. Les études géologiques démontrent que les terrains rétentifs de l'eau, soit dans leur couche arable, soit dans leur sous-sol, s'élèvent à la quantité de près de dix millions d'hectares, le quart environ des terres livrées à la culture.

« Supposez un moment que ces dix millions d'hectares aient été, par l'asséchement et la bonne culture, amenés à leur maximum de production; que le quart seulement ait été semé en céréales. et vous aurez une

15

augmentation que, dans les années humides, on ne peut évaluer à moins de vingt-cinq millions d'hectolitres de grains en plus de ce qui a été produit en 1846 et 1853.

« Les renseignements nombreux et précis fournis à la commission établissent d'une manière irrécusable que les terres drainées ont produit, dans l'année humide de 1853, de huit à dix hectolitres de plus, dans les mêmes conditions, que les terres non drainées. »

Les travaux de drainage consistent à ouvrir une série de tranchées très-étroites à un mètre environ de profondeur. On dispose au fond de ces tranchées des tuyaux en poterie, à la suite les uns des autres, et on les recouvre ensuite avec la terre extraite de la tranchée ; le diamètre ordinaire des petits drains est de $0^m,03$; un tuyau de $0^m,06$ à 07 de diamètre intérieur peut en général recevoir les eaux de deux à trois hectares de terrain.

L'eau qui recouvre le sol arrive par l'infiltration jusqu'aux tuyaux qui, communiquant entre eux, déversent l'eau au point le plus bas de chaque ligne de drains.

Cette opération, si simple en elle-même, exerce sur les phénomènes de la végétation et sur les travaux de la culture, l'influence la plus avantageuse et les effets les plus remarquables.

Une simple observation, empruntée à la physiologie

végétale, fait aisément comprendre qu'il doit en être ainsi. — L'eau fournie à toute plante est destinée à favoriser dans la terre des combinaisons diverses nécessaires à la dissolution de certaines substances inorganiques, et, en même temps, elle apporte aux racines chargées de l'absorption les matériaux qu'elle a dissous dans l'air ou dans la terre. Que cette eau ne se renouvelle pas, l'aliment qu'elle avait charrié ne tarde pas à être assimilé, elle devient impropre à la nutrition, et elle occasionne le rouissage des radicelles les plus ténues et les plus importantes.

De là, nécessité incontestable de pourvoir à l'écoulement du trop-plein des eaux qui imbibent un terrain; nécessité de leur renouvellement.

De ces deux conditions résultent : un accroissement notable de la chaleur du sol, — une modification profonde de la constitution de la couche arable; — une augmentation considérable de fertilité par l'introduction dans la terre des gaz et des substances les plus nécessaires au développement de toutes les récoltes, — et enfin une amélioration considérable dans l'état sanitaire et le régime général des eaux dans les contrées où ces travaux s'exécutent sur une certaine étendue.

« L'application du drainage aux terres humides permet de les labourer presque en toute saison, avantage que les cultivateurs sauront apprécier.

« La santé des bestiaux s'améliore rapidement sur
les terrains drainés. L'eau qui imbibe le sol et qui est
entraînée par les tuyaux, est immédiatement rem-
placée par l'air atmosphérique que chasse ensuite
une nouvelle pluie.

« Ce second volume d'eau est à son tour remplacé
par de l'air, et ainsi successivement. Ce renouvellement, autour des racines, des principes les plus nécessaires à l'alimentation des végétaux, permet aux
plantes de se développer dans les conditions les plus
favorables.

« L'époque de la maturité des récoltes est notable-
ment avancée par l'accroissement de chaleur qui
résulte pour le sol d'un drainage bien exécuté. Cet
effet est aujourd'hui parfaitement constaté.

« Quant à l'influence du drainage sur la salubrité
publique, elle est manifeste : dans beaucoup de localités, on a vu des fièvres intermittentes épidémiques
disparaître après l'exécution de grandes opérations
de cette espèce. Souvent les brouillards cessent de se
manifester sur les terres assainies. [1] »

Reste maintenant l'examen d'une considération
qui doit marcher en première ligne dans toutes les
opérations industrielles : le prix de revient.

---

[1] Instructions pratiques sur le drainage, réunies par ordre du
ministre de l'agriculture, du commerce et des travaux publics.

Voici à ce sujet les chiffres fournis par la commission chargée d'examiner les travaux de drainage exécutés par M. Ch. de Bryas sur son domaine du Taillan.

« Votre commission, en présence de ces magnifiques résultats, n'a point oublié cependant une question essentielle, celle du prix de revient des travaux de drainage ; M. de Bryas a bien voulu lui communiquer des livres tenus avec le plus grand soin : or il résulte de ces livres que les dépenses faites par M. de Bryas, jusqu'au 31 décembre 1854, pour drainer soixante-cinq hectares, moins quelques parties qui n'ont pas encore reçu de drains, parce qu'il n'y a pas urgence, ont coûté 2,740 fr. de main-d'œuvre et 2,460 fr. de matériaux , soit en totalité 5,200 fr. — Sans doute la main-d'œuvre, payée par M. de Bryas à raison de 1 fr. 25 c. à 1 fr. 50 c. par journée, coûte beaucoup plus dans quelques parties de notre département; sans doute aussi, la propriété de M. Bryas se trouvant très-rapprochée d'une fabrique de drains, M. de Bryas a pu se procurer des drains à des prix un peu moins considérables que ceux qui auraient été payés par un propriétaire plus éloigné. Toutefois nous pensons que le chiffre de 280 à 300 fr. de frais par hectare, qui a été posé dans plusieurs publications, est un chiffre exagéré. Tout nous porte à penser que, dans la plupart des cas, les frais de drainage n'iraient pas au delà de 100 à 150 fr. par hectare.

« Malgré ce chiffre considérable, il est plus que probable que la dépense est largement couverte par l'augmentation du revenu. »

XII

FABRICATION DES TUYAUX DE DRAINAGE.

C'est en Angleterre qu'il nous faut aller chercher les meilleures machines pour la fabrication des tuyaux de drainage. Parmi les machines envoyées à l'Exposition, nous citerons celles de MM. H. Clayton et Whitehead, qui, toutes deux, nous arrivent illustrées de médailles et recommandées par toutes les sommités agricoles d'Angleterre, de Belgique, de France, de Russie, de Pologne, de Prusse, etc., etc., et patronnées par la Société royale d'agriculture d'Angleterre.

Il peut être utile de remarquer ici que la Société royale d'agriculture d'Angleterre est une vaste association d'environ sept mille propriétaires, fermiers d'expérience, et d'hommes éminents par leurs connaissances dans toutes les sciences mécaniques appliquées à l'agriculture. La Société a pour devise : « La pratique unie à la science. » Elle adjuge tous les ans un grand nombre de prix importants. Ses expositions se font sur un pied gigantesque et n'attirent jamais moins de cinquante à cent mille visiteurs, y compris un grand nombre d'éminents agriculteurs des Sociétés étrangères et de toutes les parties du monde. C'est principalement à cette Société que l'on doit attribuer les améliorations agricoles, le perfectionnement des bestiaux, et des machines employées en agriculture, qui ont si profondément modifié le sol de l'Angleterre. Ses décisions sont admises par les savants de toutes les nations.

La machine de Whitehead, dont le dessin figure en tête de notre livraison, est toute en fer. Elle consiste en un bâtis en fonte avec une boîte dans laquelle se trouve un piston muni de deux tiges qui s'engrènent avec deux pignons. Le couvercle de la boîte est en fer forgé, très-fort. Pour lever et pour abaisser le couvercle, il y a un manche, qui sert aussi à fermer et à consolider la boîte, par le moyen de trois grosses griffes qui s'accrochent au bord supérieur : sur la face de la boîte qui est ouverte, il y a en bas une rainure, et en haut un loquet. Le tablier est une espèce de table en fer forgé, dont la planche consiste en plusieurs rouleaux couverts de bandes de drap imperméable à l'eau. Le châssis du tablier est muni de quelques fils d'acier, qui travaillent à travers le tablier, entre les interstices des bandes de drap.

Pour faire manœuvrer la machine, il faut mettre d'abord à la face ouverte de la boîte une filière (*anglice die*) quelconque, propre à la fabrication des produits qui sont exigés, soit des pipes, soit des briques, etc. La filière se place dans la rainure du bas, et se ferme en haut avec le loquet.

Le tablier est maintenant mis en train, comme il est figuré dans le dessin. On commence alors par emplir la boîte de terre glaise, et après avoir fermé le couvercle avec les griffes, on tourne la manivelle pour faire marcher le piston qui pousse en avant la terre glaise, de telle sorte qu'elle passe à travers la filière en prenant la forme du modèle. Les tuyaux (ou les produits de la fabrication quels qu'ils soient) s'allongent jusqu'à ce qu'ils arrivent au bout du tablier. On arrête la machine pendant que le garçon fait couper les tuyaux à l'aide du châssis, ce qui se fait en un clin d'œil, et alors les tuyaux sont emportés, comme dans le dessin. Il ne reste maintenant qu'à continuer le travail, et à remplir la boîte comme nous l'avons indiqué, toutes les fois qu'elle est vidée.

Il ne faut, pour la faire fonctionner, qu'un homme qui remplit la boîte et fait tourner la manivelle, et un garçon qui coupe et emporte les tuyaux. On peut faire avec cette machine des tuyaux qui ont jusqu'à dix-huit centimètres de diamètre. A l'épreuve qu'ordonnèrent les juges de la Société royale d'agriculture d'Angleterre au concours d'Exeter en 1850, cette machine a fait en dix minutes cinq cent vingt tuyaux de six centimètres de diamètre sur trente-sept centimètres de long.

La machine est locomobile, son prix est de 525 fr.

Parmi les machines françaises, nous citerons la machine à décharge horizontale et verticale de M. A. Roullier, honorée d'une médaille en bronze du concours général de Paris, et de médailles d'argent aux concours de Chelles et de la Ferté-sous-Jouarre. Les principaux avantages de cette machine sont de bien épurer la terre sans perte de temps. Avec deux hommes pour la servir et un enfant pour le transport des tuyaux, cette machine produit huit mille tuyaux de trente-cinq centimètres de long. Elle coûte 650 fr. Elle est par conséquent d'un prix supérieur aux machines anglaises.

— Nous terminons par les observations relatives à la fabrication des tuyaux de drainage, adressées à l'Adémie des Sciences par M. de Bryas.

L'auteur a reconnu, dans des voyages entrepris principalement pour étudier la question du drainage, que la mauvaise qualité des tuyaux devait, en bien des cas, compromettre le succès de l'opération, et il ne doute point que si des cas semblables se répétaient fréquemment, ils n'eussent pour résultat de jeter de la défaveur sur une pratique appelée à rendre de grands services à l'économie rurale. Il pense donc « que le gouvernement, qui s'est montré très-disposé à encourager l'établissement de fabriques pour les tuyaux de drainage, devrait, avant d'accorder son appui aux établissements qui le réclament, s'assurer que la terre qu'on

15.

se propose d'employer pour les drains est d'une bonne qualité, que les directeurs de l'usine ont les connaissances nécessaires et qu'ils donnent aux produits le degré de cuisson voulu. »

XIII

MATÉRIEL AGRICOLE.

Un des faits les plus importants de notre époque est le grand perfectionnement apporté dans la généralité des industries sous le rapport de la promptitude et du fini de l'exécution.

Si l'agriculture, la première industrie, la productrice des objets de première nécessité, est de beaucoup au-dessous des industries de second ordre et même des industries de luxe, l'absence des machines perfectionnées est pour beaucoup dans cette infériorité. Seule industrie où la production soit toujours inférieure à la demande, l'agriculture n'a pas encore sérieusement cherché à profiter des progrès de la science mécanique pour augmenter la somme de ses produits et en diminuer le prix de revient. On peut attribuer, en partie, ce retard au manque d'ouvrages spéciaux de mécanique agricole.

Où l'agriculteur trouvera-t-il les principes propres

à le guider dans le choix d'une charrue au milieu du nombre fabuleux de ces instruments? La même incertitude se présente pour lui dans les autres appareils : roues, machines à battre, etc.

Le constructeur lui-même marche souvent au hasard, sans principes arrêtés, et ne peut que copier des instruments défectueux que l'habitude seule fait vendre.

Nous essayerons de combler en partie cette lacune en citant, à l'appui de nos observations, les rapports des comités agricoles, composés des hommes les plus compétents sur la matière.

L'emploi des instruments perfectionnés est si important pour les progrès de l'agriculture, et l'usage s'en répand si généralement, qu'une notice sur les principaux envoyés à l'Exposition ne sera peut-être pas inutile.

Mais n'appelons pas instruments perfectionnés tous ceux qu'on produit sous ce nom. Gardons-nous des inventions qui n'ont pour résultat que de compliquer inutilement les outils agricoles.

Les instruments d'agriculture doivent être. avant toutes choses, simples et solides :

Simples, parce que les mains appelées à les diriger sont, pour la plupart, peu exercées et souvent peu soigneuses, et aussi parce que les ouvriers capables de réparer des outils compliqués manqueront encore d'ici longtemps;

Solides, parce que des réparations sont toujours très-coûteuses et quelquefois dommageables, lorsqu'elles interrompent un travail pressé. Les instruments en bons matériaux, dont les pièces ajustées avec soin, se prêtant un mutuel appui, ne s'usent qu'ensemble, sont en réalité les moins chers, tout en étant nécessairement d'un prix plus élevé.

Les instruments doivent, en outre, être appropriés au sol et aux besoins des localités. — Il n'en peut être des charrues et des herses comme des machines et outils employés dans des manufactures, où l'uniformité de matériaux et de difficultés demande l'uniformité des machines.

L'agriculteur, ne rencontrant l'uniformité ni dans le sol, ni dans les difficultés accessoires, doit modifier ses instruments suivant les circonstances où ils fonctionneront, et quelquefois les faire trop solides, en quelque sorte, par prévoyance de difficultés possibles.

Les perfectionnements en agriculture sont lents, parce que les rapports des cultivateurs entre eux sont rares. — Cependant l'exemple de quelques propriétaires, de quelques fermiers intelligents, a déjà produit une heureuse influence, et les améliorations qu'ils ont contribué à introduire ne peuvent manquer de faire de solides progrès.

Comment, en effet, n'emploierait-on pas, dès qu'ils seront connus, des instruments qui simplifient le travail et le font meilleur, avec moins de fatigue pour les hommes et les animaux ?

Ces instruments sont trop nombreux pour que j'entreprenne de les indiquer tous. Je me bornerai à ceux qui sont le plus employés et le plus nécessaires.

XIV

CHARRUES.

Il me semble bien difficile, pour ne pas dire impossible, de prononcer en connaissance de cause sur les deux ou trois cents charrues envoyées à l'Exposition. Ces instruments ne peuvent être jugés et appréciés convenablement qu'après des essais nombreux et des usages de plusieurs années. Au reste, il est parfaitement admis par tous les cultivateurs que telle charrue qui réussit dans un sol ne pourrait pas être employée dans une autre contrée souvent même peu éloignée.

Nous n'avons d'ailleurs nullement la prétention de faire ici un cours sur les instruments et les machines agricoles, nous nous bornerons à indiquer les charrues qui présentent des avantages constatés par des expériences de plusieurs années.

La charrue de M. Armelin nous a paru d'une grande simplicité.

Le *soc*, au lieu d'être tout d'une pièce, très-difficile à forger, d'un entretien coûteux et d'une forme qui ne pénètre pas dans tous les terrains, est mobile et séparé de son *aile*. C'est une simple barre de fer d'un mètre au plus de longueur, qui glisse en queue d'hirondelle dans une rainure de même forme. Il est fixé par des clavettes et peut avancer ou reculer suivant que le terrain exige plus ou moins de pointe. On évite ainsi les dépenses et pertes de temps qu'occasionne le forgeron. Le prix de ces charrues varie de 30 à 60 fr.

La charrue fabriquée par M. Louis Parquin, élève du Conservatoire des arts et métiers de Paris, membre de la Société d'agriculture de Meaux, a la prétention de résumer tout ce qui a été fait de mieux par les Valcourt, Mathieu de Dombasles et MM. Moll et Lebachellé, etc.

Elle n'a été livrée au commerce que depuis 1854, et déjà cependant elle a été adoptée par MM. Rothschild, de Béhague, Hainguerlot, Audéoud, Fasquel, etc.; plusieurs centaines de ces charrues fonctionnent actuellement sur tous les points de la France.

Cette charrue est, à proprement dire, un araire à support, lequel peut se distraire de l'araire, ce qu'on fait rarement : ce support est essentiel pour la régularité des labours qu'on peut faire à toutes les profondeurs voulues, dans les terres les plus fortes comme dans les terres les plus légères. Sa conduite est des plus faciles et à la portée de l'intelligence la moins étendue, son poids au tirage est moins sensible que celui d'aucune autre charrue.

J. et F. Howard recommandent à l'attention publique leurs charrues de fer, pour lesquelles ils ont reçu les dix premiers prix de la Société royale agricole d'Angleterre.

A la grande Exposition de toutes les nations, MM. Howard ont gagné le prix (prize medal) pour leur charrue pour deux chevaux, aussi bien que le prix (prize medal) pour leur charrue pour quatre chevaux.

Pendant plusieurs années que MM. Howard ont étudié le perfectionnement des charrues, ils ont toujours eu égard aux principes suivants :

1° A fabriquer une charrue avec laquelle on pourrait le mieux fendre et tourner le sol, et qui serait en même temps convenable à la plus grande variété de terres.

2° A construire un outil d'une grande légèreté de trait, et d'une forme à se tenir propre en sillonnant les terres argileuses.

3° A en rendre toutes les parties les plus fortes possible, sans le charger d'un poids inutile.

4° A faire un instrument fort simple, afin qu'un laboureur puisse remplacer facilement, et dans le champ même, les parties qui deviendraient cassées ou usées.

On admire beaucoup les machines anglaises, leurs locomobiles applicables à toutes les machines d'économie rurale, leurs admirables instruments faits avec tant de luxe et de solidité, qu'on devine, à les voir, qu'en Angleterre l'aristocratie la plus riche s'occupe d'exploitations agricoles. On fait cependant un reproche à leurs charrues. On trouve généralement qu'elles ne creusent pas de sillons assez profonds et que la longueur de leurs déversoirs est telle, que la terre soulevée du sillon est plaquée et beaucoup trop foulée. Les charrues belges laissent la terre plus friable.

Le jury chargé d'examiner les instruments aratoires a fait, il y a quelques jours, des essais au-dessus de Versailles. Trois charrues belges ont obtenu des suffrages unanimes : la charrue de M. Odecit, la charrue de M. Tixhon, la charrue de M. Van Moële.

XV

MEMOIRS.

L'agriculture se préoccupe depuis longtemps de substituer un moyen mécanique à l'ancien procédé si lent, si irrégulier et si coûteux des semis à la main et à la volée. On a beaucoup écrit sur cette matière, et on en est encore à désirer une machine d'une construction et d'un entretien faciles, d'un prix peu élevé, pouvant être manœuvrée dans tous les terrains et par les personnes les moins exercées, qui joigne à ces conditions celle très-essentielle de pouvoir semer toutes espèces de graines.

Les semoirs sont en général des instruments compliqués qui exigent beaucoup de soin et d'intelligence de la part de l'homme chargé de les conduire ; encore ne peuvent-ils être employés que dans un sol parfaitement meuble et bien dressé.

Le semoir à brouette, dit semoir Dombasle, est peut-être un des plus simples.

M. Jacquet-Robillard a présenté de nouveau, cette année, son semoir au concours de Paris, et le jury lui a accordé une médaille d'argent.

Cet instrument a cinq ou sept socs, sème toute espèce de grains à la distance de 16, 32 ou 50 centimètres à volonté. Un mouvement de l'ouvrier empêche de semer en retournant à la fourrière et soulage l'homme qui le conduit ; il sème régulièrement même sur les terrains accidentés.

Dans les concours généraux de Versailles, Orléans, Paris, et dans les concours régionaux de Saint-Quentin, Amiens, Valenciennes, Beauvais, Lille et Arras, il a obtenu les premiers prix accordés aux semoirs.

Le semoir Saint-Joannis se recommande par une médaille d'or et cinq médailles d'argent obtenues dans les concours agricoles de Marseille, Tarascon, Valence, etc.

XVI

MACHINES A RÉCOLTER.

Les machines à récolter inventées par Hussey et Bell et fabriquées à Londres par W. Dray et Crosskill sont patronnées par les principaux agriculteurs de la Grande-Bretagne. Mais la trop grande complication s'opposera longtemps à leur application en France.

On vient de faire ces jours passés, à l'école impériale d'agriculture de Grignon, divers essais de la machine à moissonner et à faucher, de Mac Cornick, le premier mécanicien qui ait introduit en grand ces machines aux États-Unis d'Amérique. Il s'agissait non pas de moissonner des céréales, mais, ce qui est plus difficile, de faucher des fourrages qui, par leur finesse et leur humidité naturelle, offraient le danger d'engorger et d'arrêter la machine.

L'épreuve a été tellement satisfaisante, que les fermiers qui avaient été conviés par le directeur, M. Bella, n'ont pas hésité à déclarer que la faucheuse mécanique fauchait mieux que la faux. Les élèves de Grignon ont poussé trois salves d'applaudissements en

l'honneur de cette machine destinée à épargner tant
de sueurs et de maladies à nos populations rurales.

Le rouleau dentelé, envoyé par M. Clayton pour
écraser les mottes de terre, a obtenu un grand nombre de prix de diverses Sociétés, y compris la Société
royale d'agriculture d'Angleterre.

XVII

MACHINES A BATTRE.

Le battage est un des travaux qui entravent le plus
les autres opérations agricoles, lorsqu'on l'exécute au
fléau. Il exige un grand nombre d'hommes qu'on ne
trouve pas toujours en temps convenable, et qui, faisant une besogne au-dessus de leurs forces, sont très-
exigeants et très-difficiles à diriger.

Dans les fermes qui ont de vastes granges, le battage au fléau a de moins grands inconvénients, parce
que, du moins, il peut s'exécuter en hiver, et aussi
parce qu'on n'est pas exposé à perdre une partie de
sa récolte par un orage; mais reste toujours la difficulté du travail en lui-même.

Les agriculteurs se sont préoccupés depuis longtemps
des moyens de diminuer l'embarras du battage. De
nombreux essais de machines ont été faits. —D'abord
elles furent très-imparfaites, et, d'ailleurs, d'un prix

inaccessible aux simples cultivateurs. C'étaient des fléaux mis en mouvement au moyen d'engrenages ; puis des cylindres alimenteurs précédant des cylindres batteurs ; enfin on est arrivé à un cylindre tournant avec une grande rapidité dans une espèce de cage en fer.

Cependant on n'est pas parvenu encore à faire des machines qui puissent se mettre en mouvement à bras d'homme sans beaucoup de peine. On a essayé des leviers, des volants, de grandes poulies ; rien n'a réussi complétement ; il faut avouer pourtant qu'avec ces machines les hommes battent deux fois plus de grain qu'ils ne pourraient le faire au fléau ; il est mieux battu et net de pierres et de terre.

Les machines mues par des cheveaux ont tous les avantages des machines à bras, et font, en outre, beaucoup plus de travail avec peu de fatigue pour les hommes.

Parmi les machines à battre le blé, nous devons citer en première ligne la machine de M. Lotz, de Nantes, qui a obtenu la médaille d'or au grand concours du Champs de Mars, à Paris, en juin 1854. Son prix est de 950 fr. ; elle peut battre de soixante à cent vingt hectolitres de blé par jour.

— M. Arthuis de Bazouges assure que sa machine peut battre, en dix heures, avec trois chevaux, quatre-vingts à quatre-vingt-dix hectolitres de blé ; une médaille de bronze et deux médailles d'argent accordées aux concours de Rennes et de Laval recommandent cette machine. Les prix ne sont pas indiqués.

— La machine à battre de M. Bodin, de Rennes, un de nos agronomes les plus distingués.

M. Bodin a fait construire plus de trois cents machines à bras, et déjà plus de deux cents à manége. — D'abord le cylindre batteur était en bois, et le contre-batteur également en bois; aujourd'hui le batteur est composé de deux plateaux en fonte, et le contre-batteur est formé de solides bandes de fer. Du reste, les machines à battre exigent encore, plus que tous les autres instruments, des soins tous particuliers dans la construction et l'ajustage, pour ne pas nécessiter de ces réparations continuelles qui dégoûtent de leur emploi.

Pour le service de cette machine, deux hommes et deux femmes peuvent suffire.

— La machine à battre le blé, de M. Estier, peut être mue par un seul cheval ou un bœuf, dont on peut augmenter la force au moyen du levier qui s'allonge à volonté.

L'arbre debout et l'arbre du batteur roulent sur des coussinets en acier fondu et trempés, et les hélices, commandées par des galets également trempés, présentent une douceur très-grande dans les mouvements, et ne font aucun bruit qui puisse effrayer le cheval.

Cette machine peut battre de cent à cent dix hecto-litres de blé par jour.

— La machine transportable à battre et à vanner le blé, de M. Cumming, a obtenu quatre médailles d'or et cinq médailles d'argent, dans le concours de 1854 et 1855. — Elle fonctionne sur ses roues, bat sans briser la paille, la secoue mécaniquement, en extrait la poussière et nettoie le grain. Elle a pour moteur un manége à deux chevaux ou une locomobile à vapeur.

On peut, avec cette machine, battre sept à huit cents kilogrammes de paille à l'heure, avec cinq personnes, hommes, femmes et enfants. Deux chevaux ordinaires de culture suffisent pour la faire fonctionner dix heures par jour sans qu'il soit nécessaire de les changer. Avec une force de vapeur de deux à trois chevaux, on peut battre avec la même machine de mille à douze cents kilogrammes de paille à l'heure. Ces machines coûtent 1,800 fr.

Mais, pendant que nous en sommes encore, en France, aux cylindres batteurs, les Anglais, qu'il faut toujours citer quand il s'agit de grandes découvertes et de progrès industriels, ont depuis plus de dix ans déjà appliqué la vapeur au battage des céréales.

Aujourd'hui tout le monde reconnaît en Angleterre que la vapeur offre un immense avantage aux tra-vaux de l'agriculture, parce qu'elle évite la nécessité d'employer un aussi grand nombre de chevaux, et produit par là une économie estimée à trente-trois pour cent.

La machine à vapeur aurait été adoptée pour les travaux de ferme beaucoup plus tôt, et avec plus de développement, si la construction des machines et des chaudières mises à la disposition des agriculteurs n'eût pas été aussi grossière que défectueuse. Il en résulta des dépenses aussi considérables qu'inutiles, et après beaucoup d'essais et autant de déceptions, on déclara que l'application de la vapeur à l'agriculture avait manqué le but, et on rejeta la faute sur la maladresse des hommes employés aux travaux de ferme : c'était à tort. La véritable cause de l'insuccès et de la perte provenait du manque de connaissances mécaniques de la part des constructeurs de machines et de chaudières, plutôt que du peu d'intelligence des ouvriers. Les machines à vapeur pour la culture et les travaux de ferme ont été, dans l'origine, exécutées par des hommes qui ne sont point ingénieurs, qui ignorent les premiers éléments de la théorie de la machine à vapeur. On peut donc supposer quel dut être le résultat lorsque des machines imparfaites furent mises entre les mains d'ouvriers sans expérience.

— Plusieurs fabricants Anglais ont exposé des machines à vapeur complexes pour battre le grain, secouer la paille et vanner. Ces machines, qui ont fourni leurs preuves, sont recommandées par des prix nombreux obtenus à l'Exposition d'agriculture du Nord du Lincolnshire, — du Yorkshire, — de Rath, — de Glocester, etc.

— MM. Clayton, Schuttleworth et compagnie ont exposé une machine à vapeur portative de quatre chevaux, consommant de trois à quatre cents livres de charbon par journée de dix heures.

Avec une récolte d'un produit moyen, elle peut battre aisément, et à la satisfaction de celui qui l'emploie, de soixante-cinq à soixante-dix hectolitres par journée de dix heures. Le plus souvent un cheval suffit pour la mouvoir d'un endroit à l'autre, et comme elle est compacte et portative, on peut la faire circuler dans une ferme où une machine d'un plus grand poids serait d'un usage difficile.

— La Société royale d'agriculture d'Angleterre a accordé un prix de L. 10 à Wm. Dray et compagnie, dans sa dernière réunion annuelle, à Lincoln, en juillet 1854.

— M. Hornsby a exposé des machines complexes à vapeur portatives, servant à battre le grain, le secouer et lui donner le dernier apprêt.

« Elles réunissent une machine à battre le grain avec un appareil pour secouer le grain de la paille battue, un autre pour vanner le grain et le verser dans des sacs : si c'est de l'orge, pour l'ébarber; et de la même façon elles séparent la balle en un état qui la rend propre à la nourriture. Le tout est monté sur des roues adhérentes en bois et peut être facilement transporté d'une ferme à une autre. »

XVIII

TARARE.

Le TARARE est un de ces instruments devenus aussi communs qu'ils sont nécessaires.

Il est donc inutile d'insister sur les avantages de temps, d'économie, et sur la supériorité de résultats que donne l'emploi de cette machine. Les plus simples sont les meilleurs et les seuls qui conviennent pour la première opération par laquelle on sépare le grain de la balle.

Dans les tarares envoyés par M. Bodin, de Rennes, le grain, déposé dans une trémie, tombe successivement sur des grilles en fil de fer, superposées à une certaine distance l'une de l'autre, et agitées d'un mouvement de va-et-vient qui leur est imprimé au moyen d'un excentrique et d'un ressort. Des ailes mises en mouvement par un engrenage produisent un courant d'air assez fort pour chasser au dehors la poussière, la balle et les menues pailles, tandis que les pierres et les épis non battus sont rejetés dans un petit auget placé sur le devant du tarare, et que le grain tombé par les deux grilles glisse sur une troisième

16

en plan incliné, où il se débarrasse encore du sable et
des petites graines.

Pour obtenir un grain bien net, il est nécessaire de
le passer plusieurs fois au tarare.

X

COUPE-RACINES.

Le Coupe-racines, inventé par M. Durant, de
Blercourt, département de la Meuse, est une espèce
de châssis en bois, dont le plan principal est incliné
d'environ 12 degrés, fixé par son bord le plus
bas à un mur contre lequel on l'appuie, soutenu
à son bord le plus haut par un pied en bois de quatre-
vingts centimètres de hauteur, dont la ferrure est en-
foncée dans le sol. Une planchette roulant sur des galets porte les secteurs, petites lames d'acier à deux
tranchants ; la main d'un manœuvre lui imprime un
mouvement de va-et-vient.

« Les bons résultats, dit le rapporteur du comité
des arts mécaniques, obtenus par cet outil, à l'aide
duquel un homme peut facilement diviser, par minute,
en tranches de quatre à cinq millimètres d'épaisseur,
UN DOUBLE DÉCALITRE DE POMMES DE TERRE, sont attestés
par des certificats authentiques et par quatre médailles
en argent et cinq en bronze.

« Le comité des arts mécaniques propose :

« 1° D'approuver le coupe-racines de M. Durant, qui, vu la modicité de son prix, sera employé avec avantage dans les exploitations agricoles trop peu importantes pour que l'on y puisse utiliser des coupe-racines mus par des moteurs artificiels ou par la force des animaux ;

« 2° De remercier M. Durant de sa communication. »

Le comité fait en outre ressortir le désintéressement de M. Durant, qui, dans sa lettre d'envoi, s'exprimait ainsi :

« Je n'ai pas sollicité de brevet, afin de laisser pleine latitude et entière liberté à tout ouvrier de fabriquer mon coupe-racines. De plus, pour que la propagation en soit plus rapide dans tous les coins agricoles de la France, je suis prêt à renseigner quiconque voudrait le construire. »

Le prix de cet instrument est de 26 fr.

Le PRESSOIR Lemonnier nous a paru réunir la force et la solidité à l'avantage immense de n'ocuper qu'une place très-restreinte.

La simplicité de la combinaison de la vis avec les engrenages donne pour résultat un grand effet de force, de facilité et de promptitude dans le travail.

Ce pressoir est en grande partie construit en fer et fonte.

XX

ENGRAIS GUANO.

Le GUANO, que l'on trouve au Pérou, et qui a été reconnu provenir d'anciennes déjections d'oiseaux de mer, est un engrais dont les effets remarquables ont été constatés par des essais très-nombreux et dans des localités différentes.

Un grand nombre d'agriculteurs ayant constaté ces essais, il serait inutile de les rappeler ici; nous dirons seulement aux agriculteurs que le guano est l'engrais en poudre le plus énergique que nous connaissions, et nous leur donnerons quelques indications sur la manière de l'employer.

On trouve dans le guano, qui est une poudre jaune rougeâtre, des mottes plus ou moins grosses, qui ont besoin d'être pulvérisées avant d'être répandues sur le sol : il est donc nécessaire de le broyer et de le passer à travers un crible.

La quantité qu'il convient d'employer, pour obtenir une bonne récolte, doit varier suivant la nature de la terre et l'état où elle se trouve à l'instant où l'on sème le guano. En général, il en faut une plus grande quantité dans les terres argileuses et humides que dans les terres légères et sèches.

Dans nos essais, dit M. Bodin, dont l'autorité ne

saurait être discutée, nous avons employé de 200 à 300 kilogrammes par hectare. Nous croyons, du reste, pouvoir assurer que 50 kilogrammes de guano *pur* produiront toujours des effets beaucoup plus marqués que la quantité que l'on aurait pour le même prix de noir animal, de cendres, de poudrette ou d'autres engrais pulvérulents

On sème le guano sur les prairies naturelles dans le courant de mars, et sur le froment, l'orge, l'avoine, le sarrasin, le maïs, les vesces, le lin, le chanvre, etc., avec les graines de ces plantes; c'est-à-dire qu'on l'enterre par le même trait de herse et de charrue, en ayant soin de semer d'abord le guano et ensuite les graines; car, en le mêlant avec les graines, il détruit quelquefois leurs propriétés germinatives. Pour les froments, il est bon de ne mettre en le semant que la moitié du guano que l'on veut employer, et de semer le reste en mars ou dans les premiers jours d'avril, lorsque l'on herse le froment. Par ce moyen, la végétation se soutient mieux et la récolte est plus assurée.

S'il ne fait pas de vent, on peut semer le guano pur; quand le temps n'est pas calme, on doit le mélanger avec deux ou trois fois son volume de terre bien pulvérisée. La semaille se fait ainsi plus uniformément et l'on n'est pas exposé à voir les parties les plus déliées du guano emportées par le vent.

16

Lorsqu'on veut l'appliquer directement aux pieds des choux, des betteraves, des rutabagas, du colza, etc., en les transplantant il faut mélanger l'engrais avec une grande quantité de terre, parce que son action trop énergique pourrait détruire les jeunes plantes.

Il ne convient pas de mélanger le guano, pour en faire des compots, avec des terreaux ou autres matières susceptibles de fermenter; car la fermentation lui fait perdre beaucoup de ses principes fertilisants, qui s'exhalent dans l'air en pure perte.

Nous n'exagérerons pas les propriétés de cet engrais; nous ne le présenterons pas non plus comme une substance merveilleuse, capable de faire des miracles: un tel charlatanisme est loin de notre pensée. Nous nous bornerons à dire, parce que nous en sommes convaincu, que le guano, en raison de sa grande énergie et de son action rapide, est un excellent engrais, très-précieux pour obtenir des fourrages abondants et de belles récoltes de toute espèce dans les pays où l'on n'a pas assez de fumiers, et même dans les localités où les engrais naturels sont moins rares.

De la TANGUE comme engrais. — La tangue est appelée à réaliser un problème qui a toujours préoccupé les agriculteurs de tous les pays: augmenter la production en diminuant les frais de culture.

La tangue est un sablon très-fin que l'Océan amon-
celle incessamment dans la baie du mont Saint-Michel,
et qui, par sa combinaison de chaux, de phosphate et
de sel, est l'agent le plus merveilleux que l'on puisse
employer pour fertiliser le sol.

Les difficultés de transport avaient localisé jusqu'à
présent l'emploi de la tangue dans un petit nombre
de départements. Un décret impérial, en autorisant
la Société bretonne des tanguières à placer sur la
voie publique, entre Rennes et Moidrey, des voies
ferrées desservies par des chevaux, va permettre d'é-
tendre les bienfaits de la tangue employée comme
engrais.

ROUISSAGE DES LINS. — Que faut-il pour remplacer
les treize à quinze millions de kilogrammes de filasses
de lins importés annuellement de la Russie? des
terres fertiles, à des conditions de prix qui permettent la concurrence.

Manquent-elles en France? — Évidemment, non.
« La France, dit M. Mareau dans la description des
centres de la production linière, pourrait, en donnant du
développement à la culture du lin, alimenter facilement l'industrie linière nationale dans toutes les circonstances, et la suivre dans tous ses progrès. »

Pour augmenter la production agricole, dans les

contrées où, faute de savoir rouir et teiller, la culture des plantes textiles demeurerait impossible, il faut un mode de préparations manufacturier, rouissage et teillage mécaniques;

Achat de la récolte textile en paille au cultivateur, qui se trouve débarrassé de tous les soucis de la transformation en filasses.

Outre l'emploi des bras pour la culture linière, l'arrachage, le séchage, l'égrénage, — le rouissage manufacturier et le teillage mécanique peuvent assurer toute l'année du travail à des familles entières; hommes, femmes et enfants.

D'après le procédé de M. Terwangne, les bottelettes de lin sont placées verticalement, dans un grand bac *citerne*, enterré dans le sol et l'eau chauffée à 25° centigrade.

Après le rouissage, les rinçages complets des plantes textiles se font dans le bac citerne rouisseur.

A Bernay, huit mille kilogrammes de lins sont rouis en soixante-douze heures et séchés à l'air dans un long hangar.

A l'appui de son procédé, M. Terwangne apporte l'obtention de trois médailles, et l'admission au musée algérien, à Paris, d'une collection de lins rouis par son procédé.

Mais ce qui nous a paru plus concluant, c'est le rapport général du jury central de Rennes, article

lins : « M. Terwangne, de Lille (Nord), a exposé une
« série de lins en paille, teillés et peignés, ainsi qu'un
« échantillon et graines de mélilot, qui ont vivement
« attiré l'attention du jury. A la première inspection,
« on découvre l'habileté, aujourd'hui universellement
« reconnue, de l'exposant, qui, par les services qu'il
« est appelé à rendre au pays par sa nouvelle méthode
« de rouissage, en outre des produits exposés, aurait
« été l'objet d'une distinction particulière, s'il ne s'é-
« tait pas trouvé naturellement hors de concours. Le
« jury ne peut que lui voter des remercîments. »

————

Riz. — Le riz est, de toutes les céréales, la plus
répandue sur le globe ; les deux tiers au moins de la
population s'en nourrissent : suivant les documents
officiels de l'administration, l'importation du riz en
France aurait pris depuis quelques années des proportions très-importantes : elle était en 1854 d'un
million de kilogrammes, en 1846, de cinq millions;
de huit millions en 1847, de vingt-deux millions
en 1853. Elle a été de trente et un millions en 1854.

Nous laissons un cinquième de notre sol sans culture et nous allons demander à la Chine trente et un
millions de céréales!... Cela prouve à quel point les
notions économiques sont répandues en France...

Le riz fournit deux espèces distinctes : l'une ne

produit que dans les sols inondés, l'autre croît dans les sols secs. La culture des rizières submergées est la seule adoptée jusqu'ici en Piémont et en Italie : Des essais faits en France, en Camargue et dans les Landes de Bordeaux à Arcachon, ont démontré que nous pourrions cultiver avec succès le riz inondé; mais les miasmes qui s'exhalent de ces marais ne sont pas sans danger pour la salubrité publique.

La Société zoologique d'acclimatation se propose d'introduire en France la culture du riz sec : aucun produit ne figure à l'Exposition, nous ignorons si ces essais ont été couronnés de succès.

M. Digoin a exposé des échantillons très-remarquables de riz kinès de Chine, importés en Camargue en 1847. La culture est aujourd'hui de cent vingt à cent quarante hectares.

IGNAME. — La pomme de terre est inconnue en Chine ; c'est l'igname qui la remplace : « Lorsque j'arrivai en Chine, dit M. de Montigny, je vis que les populations indigènes se nourrissaient du farga que les botanistes nomment igname ; je voulus immédiatement juger des qualités alimentaires de cette plante. Je lui trouvai une saveur très-analogue à celle de la pomme de terre, et j'appris en outre qu'elle se cultivait et s'apprêtait pour la table de la même façon ; je fus dès lors convaincu que si la maladie des pommes de terre persistait en Europe, on pourrait remplacer ce tubercule par l'igname. »

Du reste, ce n'est pas seulement en Chine que l'igname est cultivée. Il y a près de cinquante ans que M. Monnet-Possoz en a vu faire usage en Amérique et en a proposé l'introduction en France.

Comme la pomme de terre, l'igname, pourvue d'un principe azoté, pourrait être mélangée avec la farine de froment. Sa culture réussit dans les pays froids de la Chine, elle pourrait donc se faire dans toutes les parties de la France, au nord comme au midi, sur les montagnes comme dans les plaines.

Les rhizomes d'ignames envoyées par M. de Montigny au Muséum d'histoire naturelle de Paris donnèrent lieu à des expériences de culture faites sous la direction de M. le professeur Decaisne. Ces expériences ont parfaitement réussi, et aujourd'hui l'Algérie envoie à l'Exposition des ignames d'une très-grande beauté.

———

Tabacs. — De tous les points du globe, on a envoyé à l'Exposition de très-beaux échantillons de cigares à des prix généralement très-modérés. Mais la commission impériale, qui a si souvent et si expressément recommandé à MM. les exposants de mettre le prix à côté de l'objet exposé, aurait dû, ce nous semble, commencer par prêcher d'exemple, et faire afficher les droits à payer à la régie pour l'importation des cigares étrangers.

Dans ce cas-là seulement, nous pourrions comprendre le but et l'utilité d'une pareille exposition.

———

— M. Léon Vidal, inspecteur général des prisons, a choisi à la maison centrale de Villeneuve (Lot-et-Garonne) 196 condamnés pour des travaux d'agriculture et de construction. Ces condamnés sont destinés à aller coloniser, en Corse, de vastes terrains achetés par le gouvernement, situés au nord-ouest d'Ajaccio.

Espérons que ces premières applications des condamnés aux travaux de défrichement et d'assainissement du sol ne se borneront pas à la Corse, et que nous les verrons bientôt pratiquer sur une vaste échelle en Bretagne et en Algérie.

———

SOMMAIRE DE LA CINQUIÈME LIVRAISON.

Bronze d'art. — Orfèvrerie. — Bijouterie. — Joaillerie. — Diamants de la couronne.

PARIS. — TYP. SIMON RAÇON ET Cᵉ, RUE D'ERFURTH, 1.

REVUE

DE

L'EXPOSITION UNIVERSELLE

ORFÉVRERIE — JOAILLERIE

1

Il est bon que l'on sache ici que la *Revue de l'Exposition*, comme nous l'avons commencée, comme nous espérons la finir, n'est ni ne sera une collection de

17

réclames menteuses sollicitées ou payées tant la ligue :
nous prétendons être aussi indépendant que cela nous
est permis, et, moyennant le franc quotidien déposé
dans le tronc du tourniquet de la compagnie, distribuer GRATUITEMENT nos critiques et nos éloges.

Il est passé le bon temps où le lecteur bénévole digérait
avec satisfaction les longs, longs romans de MM. Di-
nocourt, E. Berthet, Sue, Féval, Dumas et compagnie !.....

Qui se souvient aujourd'hui de *Pape et Empereur ?*
— du *Juif Errant ?* — du *Fils du Diable* et de *Monte-
Christo ?*

Le public n'est plus ce vieux marmot qu'il fallait
endormir par des sornettes plus ou moins romanes-
ques, — c'est un vieux jeune homme qui cherche à
s'instruire — en s'amusant.

Je n'en veux pour preuve que les cent mille visiteurs
qui, chaque jour, de tous les points de la France, de
l'Europe, du monde, viennent admirer les merveilles
entassées dans le Palais de l'Industrie.

Nous espérons donc que le public voudra bien suivre, avec quelque intérêt, l'examen pénible, laborieux,
mais sévère, impartial et instructif, que nous nous pro-
posons de faire des productions du génie artistique et
industriel du monde civilisé.

Dans cette grande lutte pacifique, la France conservera-t-elle le privilége de l'élégance et du bon goût qu'elle se décerne avec tant de complaisance ?

C'est ce que la suite nous apprendra.

Nous croyons l'avoir déjà suffisamment démontré dans nos livraisons précédentes ; nous sommes cosmopolite en fait d'art et d'industrie : le travail et la pensée ne sont-ils pas de tous les pays ?

Quoi qu'il en soit, du reste, nous avons pensé qu'un parallèle entre les produits similaires exposés par la France, l'Angleterre, l'Autriche, l'Italie, la Chine, l'Inde et la Turquie, ne saurait manquer d'exciter un vif sentiment d'intérêt et de curiosité dans tous les esprits sérieux que préoccupent les questions industrielles.

Jusqu'à présent nous n'avons guère fait, pour ainsi dire, que tourner autour de l'Exposition : notre première livraison a été consacrée à des considérations générales sur l'importance de l'industrie, à la biographie des noms inscrits sur la frise du Palais ; la seconde et la troisième aux beaux-arts français et étrangers ; la quatrième à l'agriculture ; aujourd'hui nous allons, pour n'en plus sortir, entrer dans le grand bazar de l'Exposition universelle.

Une des choses qui m'a le plus surpris en entrant, ç'a été, je l'avoue, l'absence à peu près complète des chiffres sur les produits exposés.

Cependant, dans le discours d'inauguration prononcé le 15 mai, le prince Napoléon disait :

« Par une innovation hardie qui n'avait pas été faite à Londres, les produits exposés PEUVENT porter l'indication de leur prix, qui devient ainsi un élément sérieux d'appréciation pour les récompenses. Tous ceux qui s'occupent des questions industrielles comprendront combien ce principe est important et quelles peuvent en être les conséquences [1] ».

Il faut en convenir, MM. les exposants n'ont pas abusé de la permission : — Pourquoi ?

La raison est facile à comprendre.

Dans l'industrie des draps, par exemple, le dialogue suivant a dû s'établir les premiers jours entre les membres de la commission impériale, les fabricants de Sedan, Louviers ou Elbeuf, et messieurs du commerce de Paris :

— La Prusse, l'Autriche, exposent des qualités de draps supérieures, à douze et quinze francs; l'Angleterre, à six francs cinquante le mètre; vous devez montrer que la fabrication française peut soutenir la comparaison des prix et de la qualité : de deux choses l'une, messieurs les fabricants : vous êtes inférieurs ou supérieurs aux fabricants étrangers; si vous êtes inférieurs, confessez votre incapacité ou votre impuissance : vous

[1] Voir la première livraison, p. 31.

êtes indignes de la protection de vingt-quatre pour cent
que la loi vous accorde : — si vous êtes égaux ou
supérieurs, à quel titre les demanderiez-vous désormais ?

Consternation, frayeur, désespoir des marchands
de draps...

— Si les fabricants affichent leurs prix, que devien-
drons-nous ? Qui voudra nous payer trente francs le
mètre l'étoffe que vous nous vendez douze francs ?

Et les tailleurs !...

— Si vous affichez vos pantalons à quinze francs, à
six francs, qui consentira jamais à nous les payer quarante-cinq et soixante francs ? Et vingt-cinq francs les
gilets que vous afficherez à trois francs cinquante centimes !...

Et ainsi des autres industries.

Nous pouvons comprendre, après cela, pourquoi le
prix réel, commercial, des objets exposés est encore un
mystère ignoré du consommateur. Mais ce n'est pas
seulement le prix que je voudrais connaître, c'est le
nom de l'ouvrier, de l'artiste qui a ciselé, sculpté,
dessiné, créé le produit...

En général, messieurs du commerce se dorlottent
devant leur vitrine, dans la douce satisfaction de leur
haute importance... Vous recevez des médailles, des
éloges et des mentions honorables, messieurs, c'est
fort bien ; mais n'oubliez pas, je vous prie, l'ouvrier

qui végète obscur dans la poussière de votre atelier...
C'est comme si l'éditeur signait ou vendait sous son
nom les œuvres de Lamartine ou de Victor Hugo.

Au reste, ceci n'est qu'un détail, mais nous avons
des reproches plus sérieux à faire au commerce de
Paris.

Nous croyons devoir consigner ici quelques conseils,
quelques observations qui, peut-être, ne seront pas
complétement inutiles aux étrangers qui visitent l'Exposition.

II

En général, le Parisien voit avec assez peu de satisfaction la foule qui vient lui disputer, le trottoir de
la rue, le boulevard, les promenades, sa place au
café, sa table au restaurant, sa chambre dans son
hôtel ; mais le commerçant, embusqué derrière son
comptoir, comme l'araignée au milieu de sa toile,
suit, épie, avec des tressaillements de joie, tous
les gestes, tous les mouvements de l'individu qui
commence par s'arrêter devant son étalage et franchit
en hésitant le seuil de sa boutique...

Une fois entré, il est pris, il n'en sortira plus...

O gens honnêtes et candides qui, pour voir l'Exposition ! quittez bravement les rues verdoyantes et tran-

quilles de vos villes désertes, vos jardins pleins de fleurs et d'ombre... prenez garde !...

Que Mercure, dieu des voleurs et des commerçants, vous soit en aide !

Méfiez-vous de la montre du cocher qui vous conduit...

— Du sourire féroce du maître d'hôtel...

— Des conseils perfides du garçon qui vous sert...

— De l'addition du restaurateur.

Paris est plein d'embûches, de traquenards et de fripons : vous vous apercevrez tôt ou tard que vous avez acheté du chrysocale pour de l'or; mais je vous défie bien de me dire, en sortant de table, ce que vous avez bu ou mangé à votre dîner; le fabricant lui-même serait fort embarrassé de vous en donner la recette.

Bientôt, dans un roman que nous intitulerons VOYAGE SENTIMENTAL AU PAYS DES ANNONCES ET DES RÉCLAMES, nous nous promettons de mettre en action toutes les friponneries, tous les vols, tous les scandales, tous les mystères du commerce de Paris. Nous vous dirons alors comment le commerçant de Paris donne à l'eau-de-vie — le bouquet avec l'acide sulfurique, — et le montant avec le poivre, le gingembre, le piment et l'ivraie; comment il la rend onctueuse avec l'ammoniaque et le savon blanc, — *friande* avec l'alun et le laurier-cerise...

17.

Comment il altère le beurre en y introduisant de la craie, de la fécule de pommes de terre cuites, du suif de veau, du carbonate, de l'acétate de plomb... comment il lui donne une belle couleur jaune avec le safran, le sucre de carottes et les fleurs de souci, etc...

Comment on fait la bière sans houblon, avec de la chicorée, de l'écorce de buis, des têtes de pavot, du bois de gaïac, de la noix vomique et des clous de girofle...

Le café avec des pois chiches, de l'avoine, du seigle, des haricots, de l'orge, du blé, des glands, des châtaignes, des carottes, de la betterave et de la chicorée...

Et la chicorée avec du sable, des briques râpées, du noir animal et du marc de café...

Le chocolat avec des jaunes d'œufs, du suif, des amandes grillées, de la sciure de bois...

Le cidre avec du sucre de fécule, de la cassonade, du vinaigre, de la chaux, de la craie, de la céruse et de la litharge...

Le lait avec de la fécule, de la farine, de l'amidon, de la dextrine, du riz, de l'orge, du son, des blancs d'œufs, de la gélatine, du jus de réglisse et des carottes, quand on n'y met pas des cervelles d'animaux abattus à Montfaucon.

Dans le pain, on glisse de l'alun, du sulfate de zinc, du sulfate de cuivre, du carbonate d'ammoniaque, du carbonate de potasse et de magnésie, de la craie, de la terre de pipe, du borax, du plâtre, de l'albâtre, des sels de mercure, de la fécule de pommes de terre, etc.

Dans le sel, on introduit du sulfate de chaux, du plâtre, de la terre, de l'argile, du grès en poudre, de l'alun, etc.

Dans le sucre, de la glucose, de la craie, de la farine, du sable et du plâtre...

On relève le vinaigre par les acides sulfurique, chlorhydrique, citrique, tartrique, oxalique, etc., etc.

Et le vin! prodige de la chimie! on ne le récolte plus que la nuit dans les caves de Bercy.

Bon appétit! messieurs les visiteurs, et surtout que la digestion vous soit légère!

Par exemple, je m'empresse de vous assurer qu'aucun de ces produits n'a été admis au palais de l'Exposition.

Qu'il soit donc bien établi pour la suite que mes éloges s'adressent au fabricant et jamais au commerçant : acheter à vil prix et vendre le plus cher possible, voilà son rôle. Il n'a pas besoin d'encouragement pour cela...

III

ORFÉVRERIE.

Nous ne pouvons avoir pour but, dans ces articles, de décrire en détail les procédés employés par l'orfévre dans la fabrication des différents produits de son industrie; mais, avant de passer en revue les divers objets qui figurent dans le palais de l'Exposition, nous allons décrire sommairement l'histoire de cette branche importante de l'industrie, dans laquelle l'art vient centupler la valeur de la matière première.

L'art et l'industrie sont ici, comme dans les bronzes, réunis, confondus de la manière la plus intime. Ces objets d'un luxe princier, destinés à l'ornement des temples et des palais, à rehausser la richesse d'une table ou la splendeur d'un salon, doivent être moins l'exhibition monumentale d'un capital improductif, une satisfaction grossière de la sottise enrichie, qu'un objet d'art dont les formes élégantes et gracieuses, dont le bon goût et la pureté des lignes fassent oublier et pardonner la richesse du métal employé.

Les ornements, les lignes, sont le tableau, c'est-à-dire la chose principale; l'or, l'argent, forment le cadre, c'est-à-dire l'accessoire.

Cela est tellement vrai, selon nous, que l'invention du plaqué, les nouveaux procédés de dorure et d'argenture par l'électricité, l'abandon du massif pour le creux, l'estampage, le moulage, tous les procédés mécaniques, en un mot, réalisent un grand progrès dans l'orfévrerie en mettant ce produit à la portée de toutes les classes de la société.

Il y a plus : l'art a tout à gagner à la suppression au

moins partielle des objets précieux employés dans l'orfévrerie. Louis XIV n'eût pas envoyé à la Monnaie les
œuvres merveilleuses de Ballin si elles eussent été en
bronze ou en plaqué au lieu d'être en argent massif.

L'orfévrerie, comme tous les genres d'ornementation, est l'expression du goût de son époque : les lignes
nettes et pures des différents modèles grecs et romains
conservés dans nos musées nous rappellent la simplicité élégante de l'art antique.

L'orfévrerie byzantine du temps de Charlemagne
affecte des formes plus lourdes, des ornements plus
tourmentés.

Au moyen âge, elle n'est guère que la reproduction,
que la réduction de l'architecture de cette époque : les
châsses, les reliquaires, les ostensoirs, les chandeliers,
les retables d'autels, ne sont que des petites cathé-
drales en miniature. Ainsi, jusqu'au quinzième siècle,
les figures sont allongées, terminées en gaîne; les
plis des draperies, lourds et collés le long du corps,
sont chargés d'une grande profusion de bijoux et d'ornements.

C'est dans les curieux mémoires de Benvenuto Cellini qu'il faut étudier l'histoire de l'art du ciseleur et
du sculpteur à l'époque de la Renaissance.

A cette époque seulement, après la grande révolution de Martin Luther, l'art commence à sortir de son
enveloppe catholique. Les écrivains, tailleurs de pierres,

d'images, graveurs, sculpteurs, deviennent non-seulement profanes, mais encore frondeurs et licencieux.
Il s'opère une réaction violente contre l'oppression clé-
ricale et monastique du moyen âge. Tous les ornements de cette époque, depuis les gargouilles des
églises jusqu'aux arabesques des autels et des tombeaux, ne sont que des satires sculptées contre la glou-
tonnerie et la lubricité des moines. L'indulgence excessive du clergé régulier pour les fantaisies libidineuses
des sculpteurs de cette époque annonce une haine profonde des vices scandaleux qui s'étaient introduits dans
les ordres monastiques pendant la nuit du moyen âge.

Jusqu'à la Renaissance, l'artiste et l'artisan ne faisaient qu'une seule et même personne. C'étaient la tête
et le bras d'un même corps répondant à l'impression
d'une même pensée.

Benvenuto Cellini était en même temps sculpteur,
graveur et orfévre, c'est à lui que nous devons les progrès que fit à cette époque en France l'art du fondeur
en bronze.

Les orfévres étaient d'habiles sculpteurs; les personnages enlacés dans les fouillis de branches, de feuilles,
de fleurs, en un mot tous les ornements répandus avec
une exhubérance étonnante d'imagination, sont pour
la plupart des merveilles de goût, d'élégance et d'habileté pratique.

Sous Louis XIV, l'orfévrerie, comme tous les arts,

prend un certain aspect monumental, abdique toute inspiration, toute spontanéité, et subit gravement les lois de l'étiquette et d'un goût sévère.

Au dix-huitième siècle, sous Louis XV, rien de régulier : les personnages, les formes ondulées, les lignes tourmentées, se prêtent à tous les caprices, à toutes les fantaisies de l'imagination.

Une promenade de quelques jours au palais de l'Industrie nous apprendra ce que l'orfévrerie est aujourd'hui, non-seulement en France et en Europe, mais encore dans le monde entier.

Nous devons d'abord placer hors ligne, en dehors de toute comparaison, la vitrine de Froment-Meurice, que la mort vient d'enlever aux arts. Cette vitrine efface complétement toutes les splendeurs d'orfévrerie, toutes les merveilles les plus délicates de bijouterie si admirées auparavant. Dans tous les autres ouvrages on compte la matière pour beaucoup, c'est par la richesse des matériaux que l'on se sent attiré. Mais dans l'exposition de Froment-Meurice, on oublie complétement la matière, et l'or augmente à peine la valeur de l'œuvre. Froment-Meurice est sans contredit le Benvenuto Cellini de notre siècle. Nul mieux que lui n'a su donner à une coupe une forme harmonieuse et élégante, nul mieux que lui ne sut approprier la forme d'un vase à l'usage auquel il est destiné ; disposer avec plus d'art, grouper avec plus de talent, dessiner avec plus de grâce et de correction, les figures, les oiseaux, les animaux et les fleurs; les arabesques courent, grimpent sur les flancs d'un vase avec une élégance, avec une légèreté dont rien n'approche; la finesse de la ciselure égale la correction du dessin.

Lorsque Froment-Meurice mourut, il laissa plusieurs beaux ouvrages inachevés. On les a exposés tels qu'il les a laissés. C'eût été un crime de les terminer, un crime aussi grand que d'achever une esquisse d'un maître.

Il y a dans cette vitrine splendide des broches émaillées dont le médaillon est entouré de figurines ciselées avec une habileté incroyable, des broches de diamants où le diamant semble s'être assoupli sous le doigt de l'artiste et s'être laissé chiffonner comme les pétales d'un œillet ou d'une rose; des coffrets en argent et en émail d'un goût exquis, un calice en or et en émail cloisonné dans le goût byzantin, d'une pureté de formes et d'une tranquillité vraiment religieuses; un service de table en argent, inachevé, un triptyque émaillé dans le genre des émaux de Limoges, une coupe en cristal de roche montée en argent ciselé, qui appartient à la princesse Mathilde; un beau surtout inachevé, à l'Empereur; une crosse épiscopale ciselée en argent, une admirable coupe supportée par un arbre d'argent, à l'ombre duquel paissent de grands bœufs d'argent, etc.

De là nous passerons à l'examen des produits de M. Maurice Mayer.

Ces produits consistent : 1° En un service de couverts pour S. M. l'Empereur; 2° en un autre service
de couverts et surtout de table pour M. le baron James
de Rothschild ; 3° enfin en un service à thé et un service à café pour M. le baron Salomon de Rothschild.

Le service de couverts commandé par l'Empereur,
malgré les ciselures délicates et l'ornementation grave
et correcte, ne supporte pas la plus légère comparaison, pour le style des grandes pièces, avec le service
en argenterie de M. Christofle dont nous parlerons tout
à l'heure.

Le surtout de table et les différents services faits
pour MM. James et Salomon de Rothschild se composent de seize pièces montées, de différente dimension,
de telle sorte, qu'étant disposées sur la table, elles représentent une pyramide aplatie, dont le sommet est
figuré par la pièce du milieu. Ces pièces sont formées
d'une tige à balustre en vermeil, au pied de laquelle
se dressent à droite et à gauche deux bacchantes soutenant un plateau, d'un de leurs bras gracieusement
arrondi sur leur tête. Sur d'autres pièces, les bacchantes, au nombre de trois, sont assises autour du socle,
et supportent de larges coquilles d'argent. Les statuettes, également en argent, et qui ont environ vingt-
cinq centimètres de hauteur, sont d'une bonne exécution. Sur les deux faces du socle, entre les deux
bacchantes, deux génies supportent le blason de la

maison de Rothschild, avec cette devise : *Concordia, integritas, industria.*

Ces deux petits sujets se font remarquer par la souplesse des formes, la grâce de l'attitude et la finesse du modelé.

Les grandes pièces du surtout ont trois étages de plateaux; les autres en ont deux. Les plateaux supérieurs sont supportés par des rinceaux, dans lesquels des sylphes s'ébattent dans des poses agréablement tourmentées. Un enfant, perché sur le sommet du balustre et jouant avec un fruit, sert de couronnement à cette œuvre remarquable.

Tous ces détails, qui échappent à l'analyse et que l'œil seul du connaisseur peut saisir et apprécier, constituent un ensemble de goût et d'harmonie qui assurent à l'artiste une place honorable dans l'orfévrerie française.

Arrivons maintenant aux services à thé et à café de M. le baron Salomon de Rothschild.

Le service à thé est d'un style tout à fait chinois.

Le thé étant un produit de la Chine, M. Mayer, en homme de goût, a eu l'heureuse pensée de donner à son œuvre la couleur locale. La bouilloire est entièrement couverte de riches ciselures reproduisant une infinité de scènes et d'allégories chinoises : elle est à deux becs représentant deux Chimères du plus beau travail. L'anse est formée d'un lézard à deux têtes.

Les théières ont la forme, l'une d'une poule, et l'autre d'un éléphant fantastiques. Les pots à crème figurent, le premier une façon de rhinocéros accroupi, le second un monstre mythologique au corps d'hippopotame et à la tête de veau marin.

Les sucriers sont des coupes supportées par un ours à demi dressé sur un trépied d'une richesse d'ornementation impossible à décrire.

La boîte à thé, de forme carrée, repose sur quatre pieds de chimère : le couvercle est surmonté d'un petit éléphant, portant un dignitaire du Céleste Empire.

Dans toutes les pièces de ce service, M. Mayer a su, avec bonheur, marier l'émail à l'argent et à l'or; c'est là une innovation d'un charmant effet.

Le service à café, entièrement en vermeil, est dans le style oriental. N'est-ce pas de l'Orient que nous vient le moka?

L'ensemble de ce service est d'une grande richesse.

Nous ne saurions passer sous silence un miroir de toilette d'un mètre et demi de hauteur environ.

Le cadre se compose de deux parties : la bordure proprement dite et l'ornementation qui l'entoure forment un second encadrement, le tout en argent massif. La bordure est toute en émail, arabesques en or, pierres et perles fines : on ne saurait rien imaginer de plus coquet, de plus riche, et en même temps de plus distingué.

L'encadrement est formé de branches et de bouquets de roses, dans lesquels folâtrent des enfants et des oiseaux. Mais il faut voir ce chef-d'œuvre de patience, d'habileté et de grâce, pour s'en faire une idée exacte. Les roses ne sont pas fondues ; ce sont des pièces rapportées, comme dans les fleurs artificielles : seulement ici, au lieu d'être en mousseline, les pétales sont en argent.

Nous n'en finirions pas si nous voulions citer en détail tous les coffrets à bijoux, coupes, vide-poches et autres objets d'art et de toilette qui se recommandent par un cachet particulier d'habileté et de distinction.

En joaillerie, M. Maurice Mayer a exposé des objets non moins remarquables. Nous avons admiré un magnifique bracelet en émeraudes et brillants, ainsi qu'un très-riche collier de perles fines, dont le milieu est une agrafe mobile, également en émeraude et diamant, pouvant indistinctement servir de broche ou de bandeau.

Citons encore le chasseur, debout, les deux mains croisées sur sa longue rapière fichée en terre, qui orne le manche d'un couteau de chasse.

— Un verre d'eau en vermeil de forme antique.

Mais ce qu'il y a plus précieux peut-être dans l'exposition de M. Mayer, c'est un petit cachet en acier, sculpté, avec incrustation d'or.

Deux statuettes adossées représentent : l'une, la pu·
deur; l'autre, la vérité.

Il est impossible de rien imaginer de plus gracieux,
de plus coquet : Froment Meurice aurait signé cette
pièce.

M. Giroux expose un admirable jeu d'échecs or et
argent, fondu et ciselé par les frères Fannières, et
vendu 15,000 fr. à une princesse russe.

Des quatre tours, deux sont gothiques avec cré-
neaux, mâchecoulis, herses et pont-levis. — Les deux
autres, moresques, sont flanquées de quatre tourelles
en nids d'aronde.

Le service à thé de M. Durand est une des pièces
les plus importantes de l'orfévrerie française : sa forme
un peu lourde s'harmonise assez mal avec les ornements florentins qui ont l'air d'avoir été ajustés après
coup; cependant l'ensemble ne manque pas d'un certain caractère monumental qui rappelle le style de
Louis XIV.

Des sphinx ciselés sortant à mi-corps des médaillons, et, entre chaque médaillon, de petites statuettes,
debout sous un fronton florentin, supporté par des
colonnettes cannelées, renflées au milieu, en forme
de fuseau, forment l'ornementation supérieure de la
fontaine de forme légèrement ovale.

Dans le pied, quatre niches en plein cintre abritent autant de jeunes femmes entourées d'enfants soulevant des guirlandes de fleurs.

Aux quatre angles du socle, des enfants joufflus, dont les queues de sirène enroulées s'arrondissent en forme de patène, supportent quatre burettes antiques; au-dessous et à côté, des théières et des sucriers ventrus, ciselés et brodés à profusion.

Cette pièce, dont la valeur artistique est absolument nulle, fera les délices de deux générations de bourgeois cossus et retournera à la Monnaie.

La coupe en argent, offerte par les habitants de la vallée du Doubs à M. Parendier, ingénieur en chef du département, exposée par M. Rossigneux, fait plus d'honneur à la reconnaissance des habitants qu'au bon goût de l'artiste : on ne peut pas dire que ce soit précisément mauvais, mais la forme et le sujet manquent complétement d'originalité.

— Nous avons remarqué dans la vitrine de M. Marrel plusieurs pièces qui font le plus grand honneur au bon goût de ce fabricant.

D'abord, un grand bouclier de forme ovale représentant l'attaque et la défense d'un pont : une horrible mêlée d'hommes, de femmes, de chevaux, se battent et s'égorgent avec une furie inimaginable.

Un grand vase destiné à être offert en prix de course.

Sur l'épaulement du vase formant une sorte de parapet, un cocher corrige avec sa cravache son cheval qui se cabre et forme en retombant une anse d'un goût assez original.

Le dessin est correct et les détails sont traités avec le plus grand soin.

Le poignard qui est à côté mérite également les honneurs d'une mention particulière. Le manche représente l'archange saint Michel écrasant sous son talon et perçant de sa lance le diable qui se tord avec une grimace effrayante.

Sur la gaîne, Ève debout, souriante, gracieuse et vêtue de ses cheveux, offre une pomme à maître Adam assis à ses pieds.

Ces petites figurines, qui n'ont que quelques centimètres de hauteur, sont assez bien modelées; mais je ne vois pas après tout ce que peuvent faire Adam et Ève sur la gaîne d'un poignard.

— M. Grichois a adopté une spécialité qui nous semble d'un très-bon goût.

Sa vitrine ne contient que des objets en cristal avec incrustation de fleurs, de feuilles et d'arabesques en argent.

Sa pièce principale est un coffret d'une forme commune, mais les ornements sont d'une légèreté et d'une simplicité charmantes.

Nous citerons en terminant, dans l'exposition de M. Debain, une jolie glace de toilette avec un cadre d'argent dans le style Louis XVI. L'ornementation est simple, mais de bon goût.

ORNEMENTS D'ÉGLISE.

Écrivant une Revue de l'Exposition aussi complète que possible, nous ne pouvons oublier de parler des ornements d'église, qui forment une des branches les plus importantes de l'orfévrerie.

Tout le monde connaît les articles de foi : nous n'avons rien à décrire; nous nous bornerons à citer.

D'abord, dans la vitrine de M. Trioullier, deux riches couronnes de brillants et rubis destinées l'une à Jésus-Christ, l'autre à la Vierge, offertes par les paroissiens à l'église Saint-Laurent de Paris.

Nous ne parlerons pas des ciboires de vermeil incrustés d'émaux encadrés de diamants et chargés d'incrustation de rubis et d'émeraudes, ils sont sans nombre

La pièce principale est un Saint-Sacrement d'une hauteur d'un mètre cinquante centimètres environ, appartenant à la paroisse de Saint-Chaumond (Loire).

Les quatre Évangélistes, avec les attributs qui les caractérisent, sont assis sur le socle. — Debout, derrière, les trois Vertus théologales, la Foi, l'Espérance et la Charité, sont adossées à une gerbe de blé supportant le Saint-Sacrement; un cep de vigne, avec feuilles et grappes d'or, court entre les faisceaux des rayons d'or; des anges et des séraphins, sur des nuages d'argent, forment une gracieuse couronne qui entoure la lunette destinée à recevoir l'hostie.

— MM. Favier et Neveux exposent également une riche collection de vases sacrés, burettes et calices enrichis d'émaux, de brillants et de rubis.

Le prix de ces objets n'est pas indiqué, et à vrai dire cela nous intéresse médiocrement : cependant l'exposition de M. Van Halle, de Bruxelles, nous donnera une idée de la valeur commerciale de ces articles religieux.

Nous voyons d'abord une chape brodée, soie et or, de cinquante mille francs; une autre plus simple n'est estimée que quarante mille francs. C'est une bagatelle pour une âme dévote.

Nous laisserons à des sacristains plus compétents l'évaluation, même approximative, des aubes, chapes, étoles et chasubles qui couvrent les statues de grandeur naturelle de Jésus-Christ, de saint Pierre et du Pape.

Voici quelques lignes de l'étiquette affichée à l'étalage :

« Au centre, sous un baldaquin enrichi de sculptures, de dorures et de broderies en or, sur velours

18

cramoisi, la statue en pied de Jésus-Christ, avec or et pierreries, remet à Pie IX les clefs du Paradis... »

Jésus-Christ, qui pour monture n'avait qu'un âne, pour vêtement qu'une seule robe de laine, doit se trouver bien heureux et bien beau, sous ces lourds vêtements semés d'or et enrichis de pierreries. Mais ce n'est pas notre affaire.

IV

ANGLETERRE.

La pièce principale de l'orfévrerie anglaise est le groupe commémoratif de la corporation des orfévres de Londres, qui déjà avait figuré à l'Exposition de 1851.

Le sommet représente la Prudence et la Charité, versant aux pauvres les trésors de la corne d'abondance; à gauche, un maître et son élève; à droite, une veuve et ses enfants tendant la main; un ouvrier, affaibli par l'âge, laisse ses outils...

Malgré l'explication française déposée au pied du socle, nous renonçons à saisir le sens de cette allégorie métallique.

Sur le piédestal sont les médaillons d'Édouard III, Henri VII et James Ier. Aux angles, les armes de la corporation, supportées par deux licornes.

Deux grands candélabres accompagnent cette pièce principale.

Le sujet du grand candélabre représente Richard II accordant la charte d'incorporation à la corporation des orfévres, en 1392.

Le « Primewarden » de la corporation, à genoux devant les marches du trône, offre des vases ciselés au roi Richard, qui daigne les accepter.

Thomas d'Arundel, chancelier et archevêque de Cantorbéry, est à la droite du roi; la reine Anne de Bohême, à sa gauche. William Stonden, maire de Londres, des pages et un chambellan jouant avec un lévrier, complètent le groupe. Sur la base sont gravées les armes de la corporation ; aux angles, des figures représentent la manière d'extraire, affiner et travailler les métaux précieux.

Les figures du premier candélabre à dix lumières représentent Benvenuto Cellini, Georges Heliot et sir Martin Bowes : trois petits génies de l'orfévrerie sont placés entre les personnages.

Le second candélabre représente Michel-Ange dans l'atelier de son maître, Domenico Ghirlandaio, esquissant une dame occupée à essayer une guirlande de fleurs. Laurent de Médicis examine les ouvrages présentés par un page.

Continuons d'abord la mention des pièces principales envoyées par les orfévres de Londres, nous dirons ensuite notre opinion sur l'ensemble des produits anglais.

L'exposition la plus riche est celle de M. Hancock. Le sujet principal est la mort de lord François Villiars.

Le vieillard est étendu à terre, à côté de son cheval mort. Son fils, debout, adossé à un arbre, se défend, pendant qu'un soldat vient le frapper par derrière.

Cette composition est bien entendue, les mouvements sont un peu gauches, les expressions un peu forcées : cependant c'est, à notre avis, l'une des meilleures pièces de l'exposition anglaise.

A côté, saint Georges, luttant contre un dragon et un lion. — Deux beaux vases style Louis XIV, avec des médaillons de femmes dans des cadres ovales. — Un Napoléon traversant le mont Saint-Bernard à cheval, commandé par l'Empereur. — Trois Grâces soutenant des guirlandes de fleurs adossées à un arbre dont les branches forment un candélabre d'un effet gracieux.

Ce qui nous a paru de meilleur goût, c'est une amphore de forme étrusque avec un enlacement de serpent, et deux verres dépolis, supportés par un pied en argent uni, achetés par madame la princesse Mathilde.

La vitrine de MM. Hunt et Roskell renferme la critique la plus juste et la plus sévère que l'on puisse faire de l'orfévrerie britannique.

Ses deux grands vases florentins à figurines repoussées, son beau bouclier représentant Shakspeare entouré de ses œuvres : la *Tempête*, le *Roi Lear*, le *Marchand de Venise*, *Romeo et Juliette*, *Macbeth*, etc., etc., ne peuvent être comparés qu'aux admirables vases que M. Rudolphi tient précieusement cachés dans l'ombre de sa vitrine.

Cette exposition fait le plus grand honneur au bon goût de MM. Hunt et Roskell, qui ont mis à la tête de leurs ateliers Antoine Vechte, un des meilleurs et des plus habiles artistes de Paris.

Dans l'exposition de M. Garrard de Londres nous citerons seulement une pièce de ciselure fort remarquable.

Le sujet, qui n'a pas moins d'un mètre de hauteur, représente une mosquée indienne avec un ton d'or d'un heureux effet; mais le chef indien qui suit de l'œil ses trois chevaux qui s'échappent, nous semble un peu trop calme : les chevaux ont une allure assez belle. Nous préférons, pour le mouvement, l'aigle terrassant un tigre. — La halte au désert est une pièce remarquable, mais les palmiers sont trop élevés. Les bobèches qui sortent des branches sont d'un effet peu agréable. La pièce de milieu représentant des héros de Shakspeare nous semble un peu mesquine.

18.

En un mot, la partie matérielle, la fabrication anglaise, est d'une exécution irréprochable ; mais ce qui
manque au suprême degré, c'est ce rien qui est tout :
c'est le goût, la grâce, l'élégance, le sentiment artistique, que les sculpteurs français possèdent avec une
si incontestable supériorité.

Aux yeux d'un homme de goût, l'orfévrerie anglaise
vaut son pesant d'argent : rien de plus.

V

HOLLANDE.

M. Romain, joaillier de la cour de Rotterdam, nous
a envoyé des broches, des châtelaines, des bracelets
et des parures qui peuvent faire l'admiration des dames
hollandaises, mais qui auraient peu de succès dans les
magasins de la rue de la Paix.

Mais l'idée de son surtout, surtout, — nous semble
assez originale. Un frêle bouquet de parelles et de
feuilles de lierre terrestre supporte une large conque
évasée, d'où pendent tordues deux grosses branches
de rosiers soutenant deux larges plateaux de cristal.

On cherche par quelle métamorphose le bouquet
de feuilles du pied se transforme en quatre bâtons
noueux et solides : c'est la naïveté du mauvais goût
dans sa plus franche expression.

VI

PRUSSE.

Nous ne rencontrerons plus désormais ces lourdes pièces monumentales d'orfévrerie qui font l'orgueil de la France et de l'Angleterre. Nous nous bornerons à citer sommairement des pièces que ne recommandent ni l'importance du sujet ni un bien grand mérite d'exécution.

M. Wagner, de Berlin, expose une chasseresse à cheval, coiffée d'un bonnet phrygien et drapée à l'antique luttant contre un lion cramponné à la gorge de son cheval.

Cette statuette, dont le mouvement et l'expression sont bons, dont les détails sont bien soignés, n'est qu'une copie de la Némésis qui, depuis dix ans, traîne en plâtre, en bronze et même en lithographie sur tous les étalages de Paris.

Citons de M. Vilu un beau vase or et argent ciselé, représentant une vue de Vienne; la gravure or sur argent est d'un bon effet.

— Sur un plateau d'argent ciselé, M. Friedebourg a reproduit par ce procédé une vue fort exacte du Palais de l'Industrie.

Ce genre d'ornementation est dédaigné par les graveurs français; nous ne le trouvons que sur les couvercles des tabatières; il nous semble en effet mieux convenir aux objets de petite dimension.

VII

AUTRICHE,

MM. Scheile frères, de Vienne, nous envoient une curieuse collection de tabatières en or et en argent, émaillées, niellées et ciselées.

On fabrique donc encore des tabatières à Vienne!...

Hélas! en France, la tabatière se meurt, la tabatière est morte... Quel dommage pourtant! on en faisait de si jolies autrefois! ..

Tout le monde avait sa boîte, en buis, en feutre, en corne, en grès, en étain, en or, en argent, en platine, en ivoire; — peintes, émaillées, niellées, sculptées et fouillées avec un goût exquis.

Il y avait des boîtes enrichies de diamants, de rubis ou d'émeraudes.

Le cadeau le plus gracieux, le plus flatteur que pût faire un roi, c'était son portrait incrusté sur le couvercle d'une tabatière, et entouré d'une auréole de brillants.

Les amours n'échangeaient leurs portraits qu'au moyen de boîtes à mouches et à tabac.

C'était le beau temps des miniatures et des émaux.

O Petitot ! ô Ravechel !

Autrefois on jugeait un homme à la manière dont il prenait du tabac.

Valère faisait jouer dans ses doigts sa petite boîte d'or ciselée par Hermoin ou émaillée par Petitot, puisait avec élégance quelques grains de poudre d'Espagne qui retombaient dans les plis de son jabot ou de ses manchettes de dentelle.

Oronte et Turcaret ouvraient avec importance une large boîte d'or, prenaient une large prise qu'ils pétrissaient longuement entre le pouce et l'index, et l'aspiraient avec bruit d'une façon toute magistrale et nasillarde.

La douairière qui se trouvait réduite aux abbés de cour, aux chevaliers du lansquenet et aux carlins, prisait avec recueillement pour éveiller ses souvenirs d'autrefois.

On prisait le macouba, le tabac d'Espagne et de Virginie, le tabac à la rose ou parfumé par la fève de Tonkin.

Tout le monde prisait : Louis XV, Frédéric et Napoléon prenaient du tabac.

La magistrature, les notaires, « les hommes de cabinet, » tous les gens graves, sérieux ou importants, ne se montraient jamais sans une tabatière à la main...

Sous la Restauration, la tabatière devint un signe de ralliement, un instrument d'opposition.

Malheureuse tabatière! malheureux tabac!

Les portraits de Foy, de Manuel et de Benjamin Constant figuraient sur toutes les tabatières libérales. Une des plus curieuses tabatières de ce temps-là représentait l'empereur Napoléon, dont la silhouette se détachait entre les branches de deux saules pleureurs ombrageant la tombe de Sainte-Hélène.

M. de Marchangy fulmina sur ce sujet de fort beaux réquisitoires... Je ne les ai jamais lus.

M. Prudhomme attirait des profondeurs de sa poche un immense mouchoir à carreaux qu'il étalait fièrement sur les cinq doigts de sa main droite, se mouchait avec un bruit de trompette, tambourinait des doigts sur le couvercle et les côtés de sa large tabatière en buis, massait lentement sa prise, prenait un air grave, sérieux et profondément réfléchi, interrompait sa phrase commencée et se barbouillait brutalement la moitié du visage, « pour s'ouvrir les idées. »

Sous le dernier règne, la tabatière de M. Prudhomme était célèbre.

Aujourd'hui la tabatière, comme la boîte à mouches, n'est plus guère qu'un objet de curiosité. Des splendeurs du trône, elle est tombée aux mains des notaires, des portiers et des ouvreuses de loges...

Pauvre tabatière !...

Elle est morte devant la popularité du cigare.

Le cigare est l'accessoire obligé de toute mise élégante. Il n'est plus permis de se montrer sur les boulevards, aux Champs-Élysées ou dans le jardin des Tuileries sans avoir un cigare à la bouche.

Valère fume, Oronte fume, Turcaret fume; à quinze ans, Damis se prend à fumer.

Le cigare se pavane dans tous les lieux publics avec l'insolence d'un vice de fortune. Le cigare sert de contenance et d'enseigne au fumeur. Avec un cigare on a l'air d'être quelque chose ou d'avoir quelque chose. Le moyen d'imaginer que ce jeune homme si élégant qui se promène en fumant devant les étalages des changeurs et des joailliers a déjeuné avec un cigare ?

Le cigare est une réclame, une comédie qui se joue pour le public. — Montre-moi quel cigare tu fumes, je te dirai qui tu es et ce que tu as.

Autrefois les grands seigneurs oubliaient leurs boîtes d'or sur les tables de la Courtille et des Porcherons; aujourd'hui le cigare brûle dans de beaux salons dorés, dans un temple où trône, en guise de divinité, la dame de comptoir, que l'on encense avec des nuages de tabac.

Secouons la cendre de nos cigares sur la dernière tabatière !

L'Australie nous envoie, parmi ses pépites et ses cailloux veinés de fils d'or, une petite statuette de la hauteur du pouce, représentant un mineur des mines d'or de New-Sout-Wales avec ses outils : cette petite figurine assez curieuse a été faite à Sidney, par M. Hogarth. Elle est estimée trois mille francs.

L'Espagne aussi a voulu faire acte de présence, présence bien modeste au point de vue artistique surtout.

M. Valentin Palau a envoyé un toréador en argent, des Saint-Sacrements et des ostensoirs, et une couronne de branches d'olivier destinée à coiffer M. le duc de la Victoire.

Après cela :

Un encrier... et c'est à peu près tout... Qui se douterait pourtant que l'Espagne a découvert le nouveau monde et conquis le Mexique et le Pérou?

Il est vrai qu'elle ne les a pas gardés.

Après tout, pauvreté n'est pas vice... si ce n'était que cela!...

VIII

L'INDE.

Tout cela est ravissant, merveilleux, admirable, n'est-ce pas? nous avons en quelques heures visité la

France, l'Angleterre, l'Autriche, l'Espagne... cela n'est rien encore : je vous propose de faire un voyage dans l'Inde.

Nous n'aurons besoin, pour cela, ni de passer six mois sur les paquebots transatlantiques, ni d'évocations magiques, ni du manche à balai des sorcières, ni de la baguette des fées : une promenade d'une heure dans la galerie transversale du Palais nous en apprendra plus qu'un séjour de deux ans dans l'Inde, que tous les récits des voyageurs.

Voici les principales scènes de la chasse à l'éléphant : à côté un village indien couvert en chaume, et peuplé de singes, de pigeons et d'Indiens de toutes les professions.

Au-dessus s'étale une curieuse panoplie : des cottes de mailles avec brassards et casques ronds en fer forgé, des cuirasses, des épées de toutes formes, de toutes longueurs, des boucliers, des lances, haches d'armes, fusils, poignards, casse-tête, couteaux à scalper, des arcs en bois et en acier poli, des flèches en bambou à pointe d'acier; en un mot, tout ce que l'art de tuer peut rêver de plus gracieux et de plus coquet.

Ici, c'est un criminel conduit devant son juge : en examinant ces figurines avec un peu d'attention, vous pouvez faire, en quelques minutes, un cours de procédure complet.

Plus loin, c'est un prince indien sous sa tente, en-

19

touré des grands seigneurs de sa suite. Le prince, légèrement olivâtre, est coiffé d'un turban de cachemire bleu et or : autour de sa taille, une ceinture enroulée, de couleur et d'étoffe pareille, supporte un large cimeterre à manche d'or merveilleusement ciselé. Impossible de distinguer la couleur de son manteau, dont le fond disparaît complétement sous les arabesques et les broderies d'or et d'argent.

Les officiers, assis sur des tapis, sont vêtus de longues robes de drap d'or et d'argent, rehaussées d'ornements et de broderies d'argent et d'or.

La tente de velours rouge, encadrée de lames d'argent, est d'une richesse et d'un goût merveilleux.

Jusqu'ici nous n'avons vu que des réductions, et il serait permis de suspecter la fidélité de l'artiste; mais la Compagnie anglaise nous a envoyé tous les meubles précieux qui ornent les tentes des nababs.

Voilà d'abord le narguilhé monumental; les spirales du tuyau en filigrane or et argent ondulent comme les anneaux d'un serpent monstrueux sur le tapis de velours rouge encadré d'ornements d'or et d'argent. Puis les coussins, les chasse-mouches, l'éventail, le jeu d'échecs, les tables et les coffrets en mosaïque d'ivoire et d'argent; les babouches enrichies d'or et de pierreries, les coiffures plates, rondes, ventrues, avec un fond carré.

Le nabab seul est absent.

Nous le rencontrons sur le boulevard.

A Paris, il soupe à la Maison-Dorée et se promène au bois, dans des calèches de louage, avec des femmes d'occasion.

Voulez-vous connaître maintenant la joaillerie et l'orfévrerie indienne?

Dans la vitrine de Pakier Tamby, de Ceylan, vous verrez tous les bijoux d'or et d'argent qui ornent les boutiques de nos joailliers : des bagues de rubis, d'émeraudes, des colliers en perles, en or, des cimeterres à manches sculptés ou incrustés de rubis, des aiguières, des gobelets d'or et d'argent sculptés, des bouquets de fleurs, des bracelets, des coffrets, des colliers en filigrane d'un travail et d'une légèreté admirables.

Des cassolettes, des théières, des brûle-parfums, des couteaux et des fourchettes d'argent ciselés; une pagode indienne en argent; enfin, un disque en argent représentant les signes du zodiaque ou les incarnations de Vichnou : à moins pourtant que ce ne soit ni l'un ni l'autre.

Voilà ce que faisaient les Indiens il y a six ou sept mille ans, disent les savants, et pendant que les druides sacrifiaient des hommes à Teutatès, sur les dolmens de l'Armorique.

IX.

LA GALVANOPLASTIE.

Nous allons maintenant exposer aussi clairement, aussi succinctement qu'il nous sera possible, l'art de copier, de reproduire en cuivre, en or, en argent ou en tout autre métal, un objet quelconque présentant des reliefs et des inégalités de surface.

Les opérations galvanoplastiques consistent :

1° A préparer le moule de l'objet à reproduire ;

2° A obtenir dans ce moule le dépôt du métal.

Les substances qui peuvent servir à la confection des moules ont présenté longtemps un obstacle sérieux dans les opérations galvanoplastiques. La cire à cacheter ou le plâtre, que l'on rendait préalablement conducteurs de l'électricité par une légère couche de plombagine pulvérisée, sont les seules substances dont on se soit servi au début de ce genre de travaux. Mais le plâtre ne traduit pas avec une fidélité suffisante les reliefs très-délicats du modèle ; il ne pouvait servir que pour les objets d'une reproduction facile, tels que les médailles, les timbres, etc.

La gélatine, moulée à chaud et arrachée du moule après le refroidissement, a remplacé plus tard ces deux matières avec avantage.

Enfin la *gutta-percha*, dont l'emploi est assez ré-

cent, est venue fournir à la galvanoplastie une substance qui répond parfaitement à tous ses besoins.

On sait que la gutta-percha se ramollit par la chaleur; ainsi ramollie, on l'applique sur l'objet à reproduire, et la pression fait pénétrer cette matière émi-
nemment plastique dans tous les creux du modèle ;
après le refroidissement, son élasticité permet de l'arracher du moule en conservant toute la fidélité et la
délicatesse de l'empreinte formée. Ainsi préparé, on
rend le moule de gutta-percha conducteur de l'électricité en le recouvrant, à l'aide d'un pinceau, de
plombagine en poudre; il ne reste plus, pour obtenir
sa reproduction, qu'à le plonger dans le bain électro-
chimique.

Le dépôt métallique destiné à remplir ce moule
s'obtient en décomposant, par un courant électrique,
une dissolution saline contenant le métal à déposer :
une dissolution de sulfate de cuivre, par exemple, s'il
s'agit d'obtenir un dépôt de cuivre; une dissolution
d'un sel d'argent, si l'on veut obtenir un dépôt d'argent, etc.

Quant à la pile qui sert à provoquer la précipitation
du cuivre par l'action décomposante de l'électricité,
elle n'offre rien de particulier. C'est l'appareil ordinaire, que l'on trouve aujourd'hui à bas prix dans le
commerce.

On place cette pile en dehors du bain, ses deux fils

conducteurs plongeant seuls dans le liquide. On attache le moule au pôle négatif, et le métal, précipité par l'action électrique, se portant à ce pôle, le cuivre réduit vient peu à peu remplir les creux du moule. Au bout de quelques jours, ce dernier se trouve recouvert en entier, et l'opération est terminée.

Le cuivre n'est pas le seul métal que l'on dépose par les procédés galvaniques; on peut aussi obtenir industriellement des dépôts d'argent pur. Dans ce cas, sans rien changer aux appareils, on remplace la dissolution de sulfate de cuivre par une dissolution de cyanure d'argent dans le cyanure de potassium, et l'on obtient de la même manière une précipitation d'argent.

Grâce à cette découverte, l'art du fondeur de métaux et les travaux du ciseleur vont être peu à peu remplacés par des procédés empruntés aux laboratoires scientifiques, et toute une classe de produits industriels et artistiques, qui ne s'exécutent qu'au prix de peines et de soins infinis dans les usines métallurgiques, s'obtiennent aujourd'hui sans la moindre difficulté par l'intervention lente et silencieuse des forces électriques.

Issus du laboratoire des savants, les procédés électro-chimiques ne servaient, il y a peu d'années, que comme délassement à quelques amateurs des sciences; ils commencent aujourd'hui à jouer un rôle important

dans l'industrie des métaux. Les reproductions galvanoplastiques d'objets d'art exécutés en cuivre trouvent
dans le commerce un placement très-avantageux.

C'est l'art de vendre le cuivre au poids de l'or.

X

FRANCE.

La galvanoplastie n'est pas autre chose qu'une photographie métallique; elle multiplie à bas prix et rend
ainsi accessibles à toutes les fortunes les merveilles,
les chefs-d'œuvre de la sculpture, de la gravure et du
dessin.

C'est à ce point de vue surtout que nous attachons
une très-haute importance à l'exposition de M. Christofle.

Si l'on veut admirer dans tout leur éclat les résultats auxquels la galvanoplastie peut conduire quand
elle s'élève aux hautes productions de l'art, il faut se
transporter à la rotonde du Panorama. Là, au milieu
des tapisseries d'Aubusson, des Gobelins et de Beauvais, entre les porcelaines de Sèvres et de Saxe, et
parmi toutes les autres créations remarquables qui
participent à la fois de l'industrie et des beaux-arts, on
pourra contempler, dans son élégante disposition, le

service d'argent plaqué commandé par l'Empereur à M. Christofle; il se compose d'un assez grand nombre de pièces exécutées en cuivre galvanoplastique, revêtues ensuite par la pile d'une couche d'argent.

La pièce principale du service représente la France, dont la pose et le sentiment rappellent la grande statue qui couronne la porte principale du Palais de l'Industrie, distribuant, de ses deux mains étendues, des couronnes à la Religion, l'Industrie, la Science, et aux Beaux-Arts, assis aux quatre angles du surtout.

A droite, le génie de la guerre, coiffé d'un casque et drapé à l'antique, dirige quatre chevaux qui pourraient être attelés à un char.

Calme et souriante, la Paix étend à gauche son bras protecteur sur quatre bœufs symbolisant l'agriculture. Deux statues de femme et d'homme, assises dos à dos sur le socle d'un candélabre, représentent les villes de France admises au grand banquet impérial.

A vrai dire, pour être fort beau, ce service est loin d'être de tout point irréprochable : ainsi nous n'aimons ni les candélabres, dont les modèles surannés se trouvent peints en vert chez tous les marchands de bric-à-brac, ni les soupières ventrues posées sur des trépieds antiques, de formes, hélas! trop connues!

Je ne vois rien à reprocher aux bœufs, mais les chevaux sont lourds et mal lancés. Quant aux statues formant les diverses parties du service, elles sont d'un style, et d'une pureté d'un goût parfaits; c'est assurément ce que l'orfévrerie a jusqu'ici produit de plus admirablement beau. Quels sont les noms des artistes? C'est ce que le fabricant n'a pas jugé à propos de faire connaître au public : pour toute paternité, M. Ch. Christofle a bravement gravé son nom sur le socle du surtout...

Vous verrez un de ces jours le marchand de tableaux signer les toiles de MM. Ingres, Vernet ou Eugène Delacroix.

Citons, en passant, un surtout élégant de M. Thouret; le sujet est assez gracieux : une ronde de petits Amours en goguette, dansent le dos tourné à un baril que couronne un couple de pigeons se becquetant sur un bouquet de fleurs.

Des statuettes empâtées de formes, lourdes et gauches de mouvement, représentent les quatre saisons. Au-dessus de leurs têtes, des branches de vigne forment un gracieux couronnement que surmonte une couronne de fleurs.

L'ensemble est harmonieux et léger.

— La vitrine de M. Gueyton renferme une très-belle aiguière, sculptée par M. Blancheteau jeune.

L'anse représente le Matin, les deux bras mollement arrondis au sommet de la tête, réveillé par deux Amours.

Sur le ventre de l'aiguière on voit, d'un côté, le

19.

mariage d'Amphitrite; de l'autre, l'enlèvement de Proserpine.

M. Gueyton a exécuté en outre une belle reproduction en cuivre galvanoplastique argenté du bas-relief de Justin, représentant le *Calvaire*. On doit au même artiste un buste de l'Impératrice en cuivre argenté obtenu d'une seule pièce, ce qui constitue le mérite et la difficulté de ces sortes de reproductions.

MM. Zier et Lefèvre exposent plusieurs spécimens artistiques d'une exécution irréprochable. Une réduction de la colonne Vendôme due à M. Zier attire surtout les regards.

— Citons un beau projet de vase de M. Morel. Le Deuil, représentant l'épisode des serpents de l'Enfer du Dante.

Les objets d'art exécutés en cuivre abondent à notre Exposition. Un grand nombre d'artistes et de fabricants de Paris, entre autres MM. Lefèvre, Lionnet, Pouey, Feuquière, etc., ont exposé des spécimens de ce genre.

XI

AUTRICHE.

Parmi les produits envoyés par l'Allemagne, nous devons citer la *Danse des Willis*, de M. Krep, d'Offenbach, d'après un tableau de M. Gendron. La lune, reflétée dans l'eau du lac, produit un jeu de lumière des plus charmants sur les gracieuses Willis, effleurant, sans les courber, l'herbe des prés et les feuilles des roseaux.

XII

PRUSSE.

Un bas-relief de MM. Voolgod et Sohn de Berlin nous représente l'allégorie touchante de deux jeunes gens brûlant deux couronnes de fleurs sur un autel grec aux pieds du roi de Prusse assis sur son trône.

Le roi tient d'une main le glaive du guerrier, et de l'autre presse la main de sa vertueuse compagne.

Les principaux personnages de la cour forment le cortége.

Cette pièce fait autant d'honneur au talent de l'artiste, qui nous est inconnu, qu'au bon goût du roi de Prusse ; que nous ne connaissons pas davantage.

XIII

ANGLETERRE.

On remarque dans les vitrines de MM. Masson et Elkington, de Birmingham, un grand nombre de produits galvaniques, argentés par les procédés galvanoplastiques, qui nous ont paru supérieurs à l'argenture des autres pays, même en y comprenant la France.

Nous citerons le beau groupe du duc Guy de War-vich tuant une vache sauvage. L'argenture bronzée de cette pièce en fait bien ressortir les détails.

— Un peu plus loin, Charles Ier découvre le corps du porte-étendard Edgehill.

— L'entrevue de la reine Henriette-Marie et du prince Rupert. La reine est bien assise sur son cheval, les étoffes tombent sans roideur, et le mouvement du prince qui, un genou en terre et le front incliné, ba-laye le sol de son feutre panaché, est très-bien rendu.

L'orfévrerie anglaise n'a rien à comparer à ces su-jets, qui sont de M. Jeannel, un artiste français que M. Elkington a su attirer dans ses ateliers de Bir-mingham.

Nous citerons avec éloge une corbeille soutenue par trois palmiers que broute une girafe au coup élancé. L'ensemble est original et agréable ; nous recomman-dons ce modèle aux artistes français.

— Une grande coupe en cristal, dont le pied est la fleur et la tige d'un arum d'eau, est d'une vérité et d'un mat velouté incomparable.

— Des scènes de Shakspeare bien exécutées comme argenture, mais défectueuses sous le rapport de la composition.

—A côté, les bustes du duc de Wellington, le portrait de la reine Victoria.

XIV

ÉMAUX.

Les émaux, qui forment une partie importante de l'ornementation de l'orfévrerie, ont été plus particulièrement employés depuis le septième jusqu'au quatorzième siècle.

C'étaient jusqu'à cette époque des espèces de mosaïques dont les diverses parties étaient fondues et coulées, au lieu d'être appliquées par incrustation.

Les plus beaux émaux se fabriquaient à Limoges, où travaillait saint Éloi, à Noyon, à Rouen et à Paris.

Ce genre d'ornementation, fort estimé jusqu'à la Renaissance, décorait, dans les châteaux, les hanaps, buires, burettes, aiguières, bagues, colliers, agrafes, poignées d'épées, couteaux, casques, boucliers, bahuts, fermoirs et couvertures de livres; dans les églises, tous les instruments du culte, les calices, diptyques, candélabres, encensoirs, retables, mitres, crosses, et surtout les reliquaires.

Ce genre d'ornementation est peu en faveur aujourd'hui, et nous ne le retrouvons guère que dans les ornements d'église.

XV

DES NIELLES.

« L'art de nieller, dit M. Vitet dans ses *Études sur les beaux-arts*, qui était fort en usage pendant tout le moyen âge, consistait à étendre dans les tailles d'une gravure, exécutée sur l'or et sur l'argent, une composition métallique, espèce d'émail noirâtre appelé en latin, à cause de sa couleur, *nigellum*, et en italien *niello* ; cet émail, qu'on fixait en le mettant en fusion, était ensuite poli avec le reste du métal.

« L'argent et l'or devenaient brillants dans toutes les parties que le burin n'avait pas entamées ; partout, au contraire, où il avait tracé le moindre sillon, le nielle en remplissait le creux, et, par sa couleur noire, faisait ressortir vivement le dessin de la gravure, ce qui produisait à peu près le même effet qu'un dessin au crayon noir tracé sur le vélin.

« La niellure était employée pour exécuter des arabesques et autres ornements délicats ; on s'en servait aussi pour faire des portraits, ou même de petites compositions historiques, dans des proportions qui n'excédaient pas celles de nos miniatures.

« Ces espèces de médailles étaient ensuite incrustées sur des calices, sur des reliquaires ou sur des couvertures de livres d'autel; on en décorait aussi des meubles et des bijoux. »

Après avoir été oubliée pendant trois siècles, la niellure est, depuis quelques années, revenue à la mode : nous la retrouvons sur des montres, des tabatières, des boîtes à odeurs, des bracelets et des épingles. Seulement, aujourd'hui, les gravures sur l'or et l'argent s'obtiennent par des procédés mécaniques et peu coûteux, mais qui n'ont ni la fantaisie, ni la variété des niellures du moyen âge.

Voici, d'après le *Dictionnaire des arts et manufactures*, les procédés employés :

« On grave le dessin sur une plaque d'acier, on la trempe, et on tire sur une plaque d'acier adouci, au moyen de la pression du laminoir, une épreuve en relief. Cette seconde plaque d'acier sert à imprimer sur l'argent le dessin en creux.

« Le nielle est composé d'argent, de cuivre, de plomb, de borax, de soufre; on applique le nielle en fusion, au moyen d'une spatule, sur la plaque préparée, et on la porte à la moufle; aussitôt que le mélange est bien fondu, sans soufflures, on retire la pièce du feu et on la polit; le métal reste à nu, et les parties ombrées sont un émail dont la teinte, opposée à celle de l'argent ou de l'or, produit des effets remarquables. »

Cette industrie est représentée à l'Exposition par

MM. Chauchefoin et Picard, qui nous offrent des étuis à cigares, des briquets, souvenirs, boîtes de montre, porte-monnaies, bracelets en bijouterie niellée.

Ce goût, peu recherché en France, est, en Russie, la dernière expression de l'élégance et du bon goût.

XVI

BIJOUTERIE.

On compterait plutôt les grains de sable de la mer, les étoiles du firmament, les feuilles des forêts, que les variétés de bijoux, bracelets, colliers, anneaux, chaînes, boutons, breloques, montres, lorgnons, tabatières, etc., etc., etc., qui entrent dans l'industrie du bijoutier.

Le goût des bijoux remonte à la plus haute antiquité. Les Grecs, les Romains, les Maures, les Mexicains et les Indiens s'en servaient pour leurs parures.

Nous ignorons quelle était la forme des diadèmes de Sémiramis et de Didon; nous n'avons aucun détail sur l'anneau de Salomon; mais, d'après les bijoux qui sont conservés dans nos musées, et d'après les bijoux indiens, qui sont assurément d'une antiquité fort remarquable, on peut aisément se faire une idée de ce que pouvaient être ces bagatelles historiques : ce sont, pour la plupart, des morceaux d'or ronds ou carrés formant une bague ou des anneaux qui se portaient au poignet, au biceps ou au bas de la jambe. Les Indiens trouvent plus coquet de porter les anneaux passés dans la cloison du nez : c'est affaire de goût. La mode, malgré ses caprices, n'a pas encore osé essayer chez nous ce genre de parure.

L'art du joaillier ne remonte pas, en France, au delà de 1745, où la taille du diamant acquit tout son perfectionnement.

Si l'on excepte les quelques ouvrages sortis de loin en loin des mains d'habiles orfévres, la mode du bijou ne remonte pas en Europe à des temps bien éloignés.

Sous Louis XIV seulement, le goût de la bijouterie se répandit dans la bourgeoisie, et les joailliers furent sous Louis XV considérés comme artistes et admis à la jouissance de quelques priviléges.

Il n'y a pas plus de cent ans que, hors de la cour, on ne connaissait que la bague, les boucles d'oreilles, la croix à la Jeannette et le Saint-Esprit.

La croix et le Saint-Esprit sont les deux symboles les plus répandus parmi le peuple chrétien, ce sont des bijoux primitifs d'une signification nettement accusée, comme ceux des Indiens qui, aujourd'hui encore, portent leurs dieux pendus au cou, comme les dames romaines qui portaient pour ornements des priapes et autres objets d'un caractère aussi tranché, d'un goût aussi équivoque.

Les grandes fêtes de Versailles répandirent le goût et la mode des diamants, des parures et des pierreries : pendant la Régence et sous Louis XV, les filles de l'Opéra et les dames aux camellias rivalisèrent de luxe et d'extravagance avec les grandes dames de la cour. Enfin, dans l'affaire du collier acheté pour Marie-Antoinette par le cardinal de Rohan, les diamants jouèrent un rôle politique.

Quelques années avant la Révolution, la mode des pierreries, des bijoux et de la bimbeloterie était poussée jusqu'à la plus sublime extravagance.

Les hommes portaient aux doigts des firmaments octogones, ovales ou taillés en losange ; il était de suprême bon ton de changer chaque jour de bagues et de boîtes à tabac ; de porter sur chaque cuisse une lourde chaîne d'or chargée de breloques, de pois d'Amérique, de coquillages et de topazes, d'avoir sur son habit des boutons en diamant, et des diamants montés dans la ganse de son chapeau.

Le temps n'est pas très-éloigné, peut-être, où nous serons appelé à jouir du coup d'œil de cet aimable ridicule. Déjà on peut voir dans la vitrine de M. Morin les épaulettes et le chapeau de M. le duc de Brunswick, rehaussés de pierreries estimées un million.

En attendant, nous nous plaisons à constater, à la

gloire de notre époque, que les hommes de bonne compagnie ne portent ni bijoux ni orfévrerie d'aucune sorte. Les femmes honnêtes les regardent, les acceptent, mais ne s'en parent que dans les grandes solennités.

Les bijoux se voient et ne se décrivent pas; nous nous bornerons à citer :

Les parures de MM. Jarry-Ouizille; — une garniture de robe en diamants, formant bandeau, bracelet et broche de M. Rouvenat.

Un ostensoir incrusté de brillants, de rubis et d'émeraudes du poids de huit kilogrammes : Jésus-Christ n'en eut jamais de pareil.—Des colliers de perles, des coiffures en diamants de MM. Marret et Jarry; des broches et des bracelets opales et brillants de M. Hainan, Cosson, etc.

Mais n'oublions pas les joies du pauvre, les fabricants d'or « doublé » et contrôlé « derrière la porte de la Monnaie, » qui souvent, dans le commerce de Paris, sont appelés à l'honneur de remplacer l'or, les perles et les diamants.

Nous citerons parmi les plus habiles imitateurs: Braut, — Dafrique, — Bruneau et Greliche, qui, le premier en France a inventé les fleurs en ivoire;

MM. Savard, qui a obtenu une médaille à l'Exposition de Londres; — Vllemont, Potalier; — Regad, etc.

XVII

LES DIAMANTS DE LA COURONNE.

A voir la foule de badauds qui du matin au soir se pressent, se poussent, se bousculent pour admirer les diamants de la couronne exposés au centre de la rotonde du Panorama, il faut croire que le public professe une grande admiration pour cette verroterie.

Par respect pour ce goût que nous ne partageons que fort médiocrement, nous allons rapporter l'histoire des diamants de la couronne.

La première mention que l'histoire fasse des joyaux de la couronne de France se trouve dans le compte rendu, par Michel de Bourdène, « des choses appartenant à la chambre du roi. »

On voit, dès 1307, Philippe le Bel, achetant de Lorrain Deschamps, orfévre, « vingt-six grosses perles, un rubis balays, une fleur de lis à saffir, puis un hanap d'or à émaux semé d'émeraudes, de perles et de rubis, pour être ajouté es joyaulx de la couronne. »

Agnès Sorel et Anne de Bretagne furent les deux premières femmes qui, en France, se parèrent d'un collier de diamants. Cependant, quoi qu'en dise l'*Art de vérifier les dates*, la taille des diamants devait être assez peu avancée, puisque la belle Agnès appelait cette parure le supplice du carcan — et ne s'y résignait que dans les grands jours, pour plaire à Charles VII.

Louis XI portait plus de Notre-Dame de plomb que de rubis ou d'émeraudes à son bonnet graisseux.

Henri IV avait trop de bon sens pour consentir à se parer de ces somptueuses bagatelles ; mais M. de Sancy, son ministre, acheta d'un aventurier portugais le diamant de ce nom, qui a disparu, comme nous le dirons tout à l'heure.

L'usage voulait alors que ces magnifiques joyaux fussent désignés sous le nom du donateur ou de l'acquéreur.

Loménie de Brienne, ministre quelques années sous Louis XIV, reproche, dans ses mémoires, à Mazarin, d'avoir, par vanité, légué dix-huit gros diamants à la couronne sous la condition qu'ils seraient appelés les *Mazarins*.

Où donc était en ceci la vanité ?

« Oh ! c'est, dit Brienne, que la couronne possédait déjà, outre le *Sancy*, les cinq *Médicis*, les quatre *Valois*, qui sont les plus gros rubis cabochons du monde, les deux *Navarre*, le *Richelieu* et les *douze Bourbons*. » Il était peu modeste, en effet, au cardinal de glisser, sous des diamants, ses armes récentes et son nom en si hautes compagnies. Ces richesses s'étaient accrues plus tard à ce point, que Louis XIV, dans ses jours de représentation, portait sur lui seul pour douze millions de pierreries, et cependant ce fut seulement après lui que la couronne acquit le plus irréprochable des diamants connus. Nous voulons parler du *Régent,* que l'on peut voir parmi les joyaux de la couronne qui figurent à la rotonde du Panorama de l'Exposition.

Voici l'histoire de ce bijou, que nous empruntons aux mémoires de M. le duc de Saint-Simon.

« Par un événement extrêmement rare, dit Saint-Simon, un employé aux mines de diamants du grand Mogol trouva moyen de s'en fourrer un dans le fondement d'une grosseur prodigieuse, et, ce qui est le plus merveilleux, de gagner le bord de la mer et de s'embarquer sans la précaution qu'on ne manque jamais d'employer à l'égard de tous les passagers, dont l'emploi et le nom ne les garantit pas, qui est de les purger et de leur donner un lavement pour leur faire rendre ce qu'ils auraient pu avaler ou se cacher dans le fondement. Il fit apparemment si bien, qu'on ne le soupçonna pas d'avoir approché des mines ni d'aucun commerce de pierreries. Pour comble de fortune, il arrive en Europe avec son diamant.

« Il le fit voir à plusieurs princes dont il passait les forces, et le porta enfin en Angleterre, où le roi l'admira sans pouvoir se résoudre à l'acheter. On en fit un modèle de cristal en Angleterre, d'où l'on envoya l'homme, le diamant et le modèle parfaitement semblable à Law, qui le proposa au régent pour le roi; le prix en effraya le régent, qui refusa de le prendre.

« Law, qui pensait grandement en beaucoup de choses, vint me trouver, consterné, et m'apporta le modèle. Je pensai comme lui qu'il ne convenait pas à la grandeur du roi de France de se laisser rebuter par le prix d'une pièce unique dans le monde et inestimable; et que plus il y avait de potentats qui n'avaient osé y penser, plus on devait se garder de la laisser échapper. Law, ravi de me voir parler de la sorte, me pria d'en parler à monseigneur le duc d'Orléans.

« L'état des finances fut un obstacle sur lequel le régent insista beaucoup; il craignait d'être blâmé de faire un achat si considérable, tandis qu'on avait tant de peine à subvenir aux nécessités les plus pressantes et qu'il fallait laisser tant de gens en souffrance.

« Je louai ce sentiment, mais je lui dis qu'il n'en devait pas user pour le plus grand roi de l'Europe comme pour un simple particulier, qui serait très-répréhensible de jeter 100,000 francs pour se parer d'un beau diamant, tandis qu'il devrait beaucoup et ne se trouverait pas en état de satisfaire; qu'il fallait considérer l'honneur de la couronne, et ne pas laisser manquer l'occasion unique d'un diamant sans prix, qui effaçait tous ceux de l'Europe; que c'était une gloire pour la régence qui durerait à jamais, qu'en quelque état que fussent les finances, l'épargne de ce refus ne les soulagerait pas beaucoup, et que la surcharge ne serait pas très-perceptible; enfin, je ne quittai point monseigneur le duc d'Orléans que je n'eusse obtenu que le diamant serait acheté.

« Law, avant de me parler, avait tant représenté au marchand l'impossibilité de vendre son diamant au prix qu'il avait espéré, le dommage et la perte qu'il souffrirait en le coupant en divers morceaux, qu'il le fit venir enfin à deux millions de francs avec les rognures, en outre, qui sortiraient de la taille.

« Le marché fut conclu de la sorte. On lui paya l'intérêt de deux millions de francs jusqu'à ce qu'on pût lui donner le capital, et, en attendant, pour deux millions de pierreries en gage, qu'il garderait jusqu'à entier payement.

« Monseigneur le duc d'Orléans fut agréablement trompé par les applaudissements que le public donna à une acquisition si belle et si unique. Ce diamant fut appelé le *Régent*. Il est de la grosseur d'une prune de reine-claude, d'une forme presque ronde, d'une épaisseur qui répond à son volume, parfaitement blanc; exempt de toute tache, nuage et paillette, d'une eau admirable; il pèse plus de cinq cents grains.

« Je m'applaudis d'avoir résolu le régent à une emplète si illustre. »

N'admirez-vous pas avec quelle naïveté M. le duc de Saint-Simon, si peu naïf ordinairement, confesse cette petite turpitude commise de complicité avec Law et monseigneur le régent?

Cet employé des mines de Golconde était tout simplement un fripon qui avait été assez adroit pour tromper ses maîtres. De notre temps, ces trois messieurs seraient passibles de la police correctionnelle comme recéleurs et complices d'un vol. On pourrait plaider, pour circonstance atténuante, que le crime a été commis à l'étranger; mais on obtient l'extradition, et dans tous les cas l'action n'est pas irréprochable.

Et puis, voyez-vous Law se faire le compère de M. le duc..., marchander, déprécier le diamant pour l'acheter à de meilleures conditions?...

Et ce coquin qui demande des gages, un nantissement à Philippe d'Orléans, n'est-ce pas curieux?

En 1789, le Garde-Meuble contenait environ huit mille pierreries.

Dix jours après le massacre des prisons, par une nuit froide et pluvieuse du mois de septembre 1792, Douligny et Cambon, costumés tous deux en gardes nationaux, étaient attablés dans l'angle le plus obscur d'un mauvais café de la rue Pierre-Lescot. Une douzaine de bouteilles vides couvraient la table; les petits verres étaient servis :

— Est-ce que ça t'amuse, toi, dit Douligny, de travailler du matin jusqu'au soir?

20

— Dame!, dit Cambon, pour manger, et surtout pour boire... faut bien...

— C'est selon...

— A moins de se mettre voleur...

— En plein vent!... mauvaise profession... on est toujours pincé une fois ou l'autre... J'aimerais mieux me mettre marchand... on est assis tranquillement à son comptoir; — on arrange ses balances ou on travaille la marchandise... Personne ne vous tracasse, et on fait sa petite fortune... à la longue...

— Faut du crédit...

— Et tout le monde ne peut pas se mettre dans le commerce...

— C'est juste...

— Tu es de garde, ce soir? dit Douligny.

— Oui, de dix à onze heures, au Garde-Meuble.

— Une idée!... Si je te donnais, moi, le moyen de faire ta fortune d'un coup... mais une fortune qui te permette de passer le reste de tes jours à ne rien faire?

— Comment?...

— Suis-moi.

Tous les deux sortirent du café.

Arrivés au pied du pavillon à colonnes cannelées qui s'étend de la rue Royale à la rue Saint-Florentin, nos deux hommes aperçurent une patrouille de gardes nationaux se promenant sur la place Louis XV.

— Ce sont des amis, dit Douligny, ne crains rien.

Douligny prend la corde du réverbère, et, s'aidant des pieds et des mains, grimpe le long de la muraille et arrive au pied de la colonnade.

Cambon monte ensuite.

Alors ils coupent, avec un diamant, le carreau d'une croisée, allument une lanterne sourde et pénètrent dans les appartements du Garde-Meuble.

Les armoires sont ouvertes, les coffrets renfermant les bijoux passent de main en main jusqu'au pied de la colonnade — et vont tomber dans les mains des complices qui les reçoivent.

La besogne avançait, quand tout à coup les sentinelles poussent le cri d'alarme.

La nichée de voleurs s'éparpille les poches garnies : une patrouille de vrais gardes nationaux arrive, ramasse Douligny qui s'est laissé tomber à terre en voulant se sauver, frappe à la porte du Garde-Meuble, monte l'escalier, fouille les appartements et arrête le malheureux Cambon, occupé pour le quart d'heure à s'assurer une vieillesse heureuse et indépendante.

Un moment effarouchés, les voleurs se retrouvent et se réunissent à cent pas de là, sous une arche du pont de la Concorde. On écoute un instant :

Personne !

Alors on forme le cercle ; on ouvre les coffrets, et la distribution commence :

Le partage se faisait loyalement, comme cela se pratique entre voleurs qui s'estiment, quand, tout à coup, je ne sais à quel propos, la bande s'effraye, jette à l'eau les diamants qui restaient à partager et se sauve de tous les côtés.

Douligny et Cambon, arrêtés, interrogés, jugés et condamnés à mort, firent des révélations : des complices furent arrêtés, des diamants retrouvés, seulement le Sancy disparut :

Obligé d'acheter des grains pendant une année de disette, le Directoire, sans crédit et sans argent, donna une partie des diamants de la couronne en payement aux Turcs et aux Maures de Tunis, d'Alger, de Fez et de Maroc.

C'est la première et la seule fois peut-être qu'ils aient servi à quelque chose d'utile. Vers la même époque, le Régent fut donné à la banque d'Amsterdam, en garantie de six millions de fourrages. Le général Bonaparte, premier consul, chargea, dit-on, Duroc, son aide de camp, d'aller reprendre le diamant en Hollande après Marengo. Peut-être le consul prévoyait-il déjà que, bientôt, empereur, il porterait le *Régent* tantôt à son chapeau comme bouton, tantôt comme agrafe à son manteau de cérémonie, et tantôt au pommeau de son épée.

A l'égard du Sancy, volé au Garde-Meuble, vendu en Espagne après avoir appartenu au Portugal, offert pour cinq cent mille fr. à Charles X, marchandé par S. S. le pape, qui ne voulait s'acquitter qu'en terres, il fut acheté par un des plus riches particuliers du Nord, qui le paya comptant et s'empressa d'en faire hommage à l'empereur de Russie. Le Régent seul figure à l'éblouissante exposition des Champs-Élysées. Que de fois, depuis Louis XIV, ces pierreries n'ont-elles pas changé de place, de monture et de propriétaires! Qui pourrait dire aujourd'hui : Voilà les Valois, les Médicis, ou les Bourbons?

Les diamants de la couronne, en y comprenant le Régent, qui, seul, est estimé huit millions, furent, en 1829, évalués à vingt et un millions.

Toutes ces pierreries ont été confiées aux plus habiles joailliers de Paris, qui en ont fait : M. Fechter, un bouquet ; MM. Lemoine, des croix et plaques de la Légion d'honneur ; MM. Maret et Baugrand, une coiffure avec des torsades ; M. Kramer, une ceinture en brillants, et M. Bapst, un devant de corsage, un collier, une guirlande en feuilles de groseillier, des bracelets, des colliers de perles et de rubis.

Depuis l'ouverture de l'Exposition jusqu'au jour où nous écrivons ces lignes, la foule n'a pas cessé un instant de venir adorer à la suite les diamants de la couronne : O puissance de l'imagination ! ce n'est pas cette verroterie qu'on admire, c'est le capital immense qu'elle représente... Si les diamants tombaient à trois francs la livre, personne n'en voudrait porter.

20.

XVIII

L'ÉTOILE DU SUD.

M. Halphen a reçu dernièrement du Brésil un diamant extrêmement remarquable par les dimensions et par la pureté de sa forme cristalline. Les lapidaires l'ont surnommé l'*Étoile du Sud*, pour le distinguer des diamants historiques. L'Étoile du Sud a été trouvée, à la fin de juillet 1853, par une négresse employée aux mines de Bogayem, l'un des districts de la province de Mines-Gernès. C'est le plus gros diamant venu du Brésil en Europe.

Les diamants les plus célèbres, celui de l'empereur de Russie, celui du grand-duc de Toscane, le Ko-hi-noor, sont tous originaires de l'Inde.

L'Étoile du Sud, qui attire les regards de la foule à l'Exposition, pesait 52 gr. 275 mil., correspondant dans le langage des lapidaires à 254 karats et demi; par la taille ce diamant a perdu à peu près la moitié de son poids, il se trouve réduit à environ 127 karats.

Ce poids le place encore au rang des quatre ou cinq diamants les plus précieux. Le Régent pèse 136 karats; le Ko-hi-noor, appartenant à Sa Majesté la reine d'Angleterre, et qui a fixé l'attention publique à l'Exposi-

tion universelle de Londres en 1851, pèse de 120 à
122 karats.

Le prix des diamants qui offrent des dimensions ana-
logues à celles de l'Étoile du Sud ne saurait être même
indiqué ; ces diamants exceptionnels ne peuvent être
considérés comme des objets de commerce, parce que
leur valeur, qui varie dans des limites considérables et
suivant les circonstances, est toute de convention.
Nous rappellerons seulement que le Régent a été porté,
en 1848, dans les inventaires de la couronne pour huit
millions, et que le Ko-hi-noor a été cédé à la Compagnie des Indes pour six millions.

———

Tous ces bijoux, toutes ces parures, nous les en-
fermerons dans le délicieux petit coffret de M. Riester,
dont nous reproduisons le dessin, d'après une photographie des frères Bisson. C'est un petit meuble en
ébène dans le goût de la Renaissance, de trente centimètres de hauteur sur une largeur égale.

Sur les panneaux en acier, gravés à l'eau-forte et
incrustés d'or, on voit des luttes de dragons ailés, de
guivres et de chimères enlacés.

Les bordures des panneaux forment un gracieux
fouillis de feuilles de vignes et de grappes de raisin en
argent. Quatre groupes de chimères ailées en argent

ciselé forment les quatre pieds du coffret, que surmonte un groupe de génies terrassant un dragon.

Ce petit meuble fait le plus grand honneur au goût et au talent de M. Riester.

Le prix est de deux mille francs.

———

Il est une réflexion que, comme nous sans doute, tout le monde s'est faite, au moins une fois, en parcourant les merveilleuses galeries de l'Exposition.

— Je pourrais vivre cent ans, heureux, tranquille, doucement occupé à ne rien faire, avec le revenu d'une de ces grandes pièces d'orfévrerie destinée à orner le buffet de quelque boursier heureux ou d'un grand seigneur podagre.

— Vos diamants sont fort beaux, monsieur Rapst, mais j'ai d'excellentes raisons pour ne jamais vous les acheter.

— Mon propriétaire ne voudrait probablement pas démolir la façade de la maison que j'habite, pour donner passage à une de ces grandes glaces de Saint-Gobain.

— Et combien sont assez riches pour acheter ces cristaux, ces tapis, ces bronzes, ces beaux meubles sculptés, ces dentelles et ces étoffes de soie et d'or?...

Le coup d'œil est assez agréable pour être payé, je le veux bien, mais après?

Que me reviendra-t-il, à moi, de toutes ces richesses amoncelées?

On a compris que le concours industriel du monde civilisé devait produire quelque chose de plus fécond, de plus utile que la satisfaction d'un sentiment de curiosité. Une Commission est chargée de rechercher et de classer à part les objets de première nécessité qui se recommandent par le prix ou la fabrication.

Voici, du reste, le programme adopté par la Commission :

« Une Commission spéciale, autorisée par M. le commissaire général, recherche dans l'Exposition les objets que leur bon marché et leur bonne qualité rendent particulièrement utiles à la vie domestique la plus simple.

« Une partie de ces objets sera exposée dans un local spécial.

« Le travail préparatoire est sur le point d'être terminé.

« MM. les Exposants qui voudraient soumettre aux appréciations de cette Commission les objets qui leur appartiennent, sont priés de s'adresser, dans le plus bref délai, à M. Savoye, commissaire du classement; à M. Audley, bureau des réclamations, ou à M. de Pelanne, sous-inspecteur, qui ont entre les mains le catalogue détaillé des objets étudiés, et les préviendront des jours où s'assemble la Commission.

« MM. les commissaires étrangers sont instamment priés de répandre cet avis parmi les exposants de leurs nations respectives, et de les inviter à s'associer à cette utile pensée.

« La Commission spéciale, pour faciliter la recherche et le classement des objets dont elle avait à s'occuper, a adopté les quatre divisions suivantes :

« Logement — ameublement, chauffage, éclairage, blanchissage, substances alimentaires et autres — vêtements. »

Nous approuvons sans réserve la création de cette Commission, et nous rendrons, dans nos livraisons suivantes, un compte exact de ses travaux.

Nous allons, pour quelques instants, quitter le Palais de l'Industrie et laisser nos modestes fonctions de commissaire-priseur, pour prendre la plume du marquis de Dangeau, l'historien de la cour de Louis XIV.

Nous commencerons notre prochaine livraison par une promenade dans Paris; nous vous raconterons l'histoire du voyage de la reine Victoria; nous examinerons ensuite les bronzes et les ameublements qui occupent une place si importante à l'Exposition universelle.

FIN DU PREMIER VOLUME.

LA REVUE

DE

L'EXPOSITION UNIVERSELLE

OFFRE EN PRIME GRATUITE

A SES ABONNÉS

Une admirable lithographie sortant des ateliers de Lemercier,

INTITULÉE

SOUVENIR DES CHAMPS-ÉLYSÉES

en 1855

———————

Les personnes qui auront visité l'Exposition constateront admirable fidélité de nos dessins; les autres, moins heureuses, pourront se faire une idée complète et fidèle du spectacle merveilleux que Paris offre en ce moment aux étrangers accourus de tous les points du globe.

Le panorama général est divisé en cinq parties, formant chacune le sujet d'un cadre séparé.

La première, au-dessous, représente une vue à vol d'oiseau de la place de la Concorde avec ses deux belles fontaines et l'obélisque au milieu : la colonnade du Garde-Meuble à droite; à gauche, pour pendant, la galerie des machines, qui s'étend jusqu'à Chaillot, sur une longueur de douze cents mètres.

Au premier plan, en face, le massif des beaux arbres des Champs-Élysées, coupé par la grande avenue qui mène à l'Arc de Triomphe de l'Étoile.

Plus loin, le Palais de l'Industrie à gauche, le Cirque et l'Élysée à droite.

L'Arc de Triomphe couronne dans le lointain cette vue générale d'une fidélité merveilleuse.

Le second dessin représente, dans de plus vastes proportions, le Palais de l'Industrie, pavoisé des drapeaux de toutes les nations, avec les massifs des beaux arbres qui l'encadrent;

Le troisième est une vue de l'Arc de Triomphe qui couronne la grande avenue des Champs-Élysées;

Le quatrième, de la grande avenue des Champs-Elysées;

Le cinquième est la perspective de la galerie des machines se perdant dans les lointains brumeux des hauteurs de Passy.

La vue de ce cadre merveilleux peut seule donner à nos lecteurs une idée de toutes les merveilles qu'il renferme, et dont nous allons continuer la description.

Achetée chez un marchand d'estampes, la prime ne coûterait pas moins de dix francs, c'est-à-dire le prix de nos quatre volumes, formant une encyclopédie des arts et de l'industrie au dix-neuvième siècle.

PARIS. — TYP. SIMON RAÇON ET Cᵒ, RUE D'ERFURTH, 1.

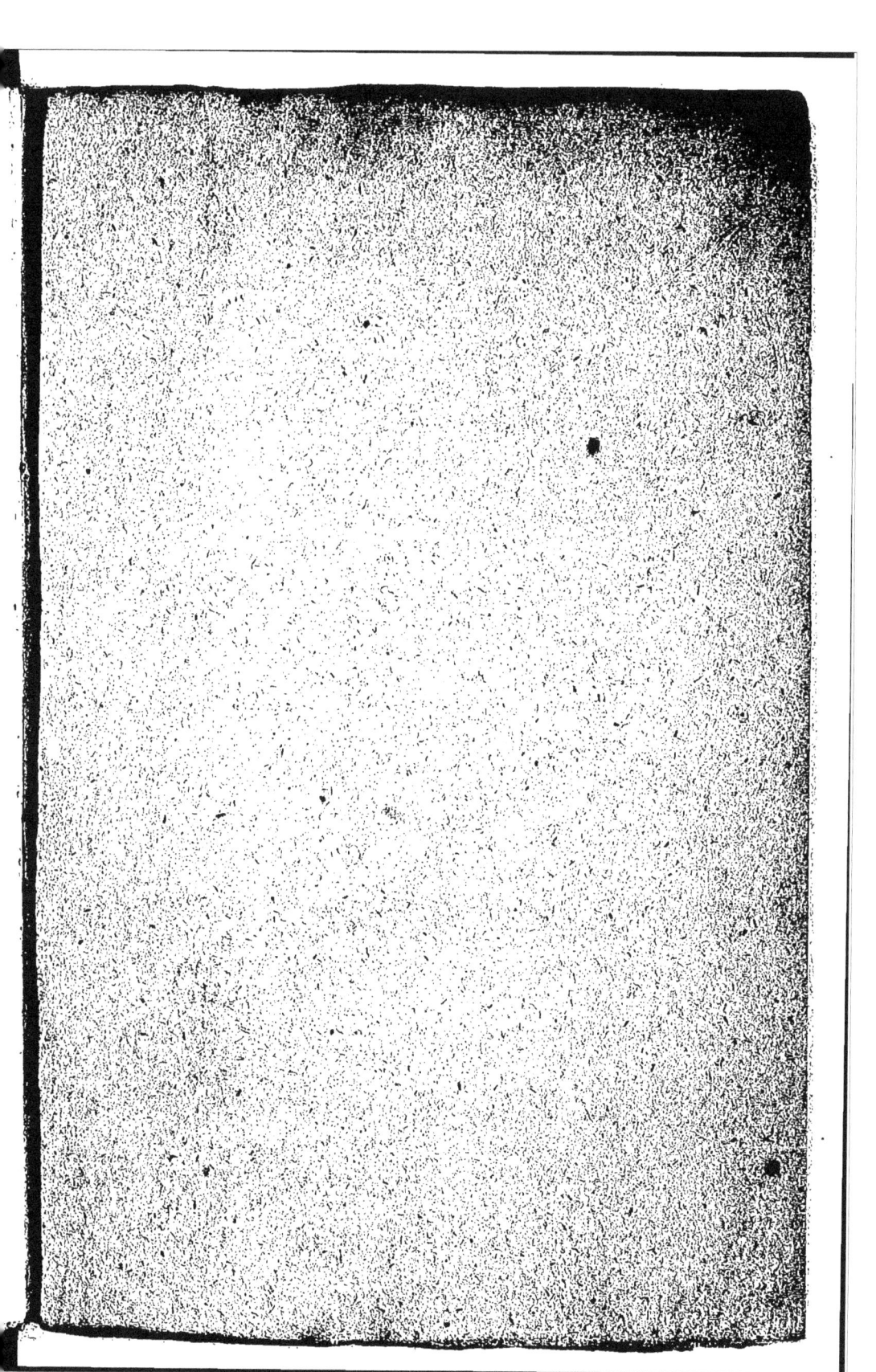

PARIS. — IMP. SIMON RAÇON ET COMP., RUE D'ERFURTH, 1.

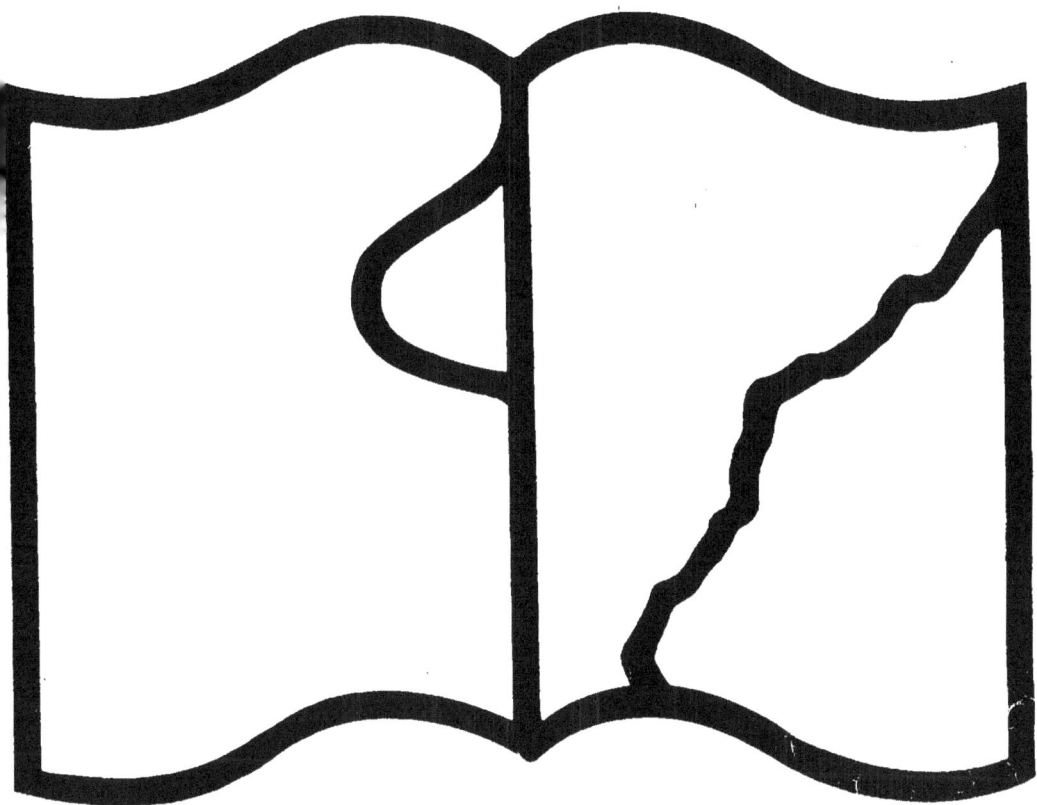

Texte détérioré — reliure défectueuse

NF Z 43-120-11

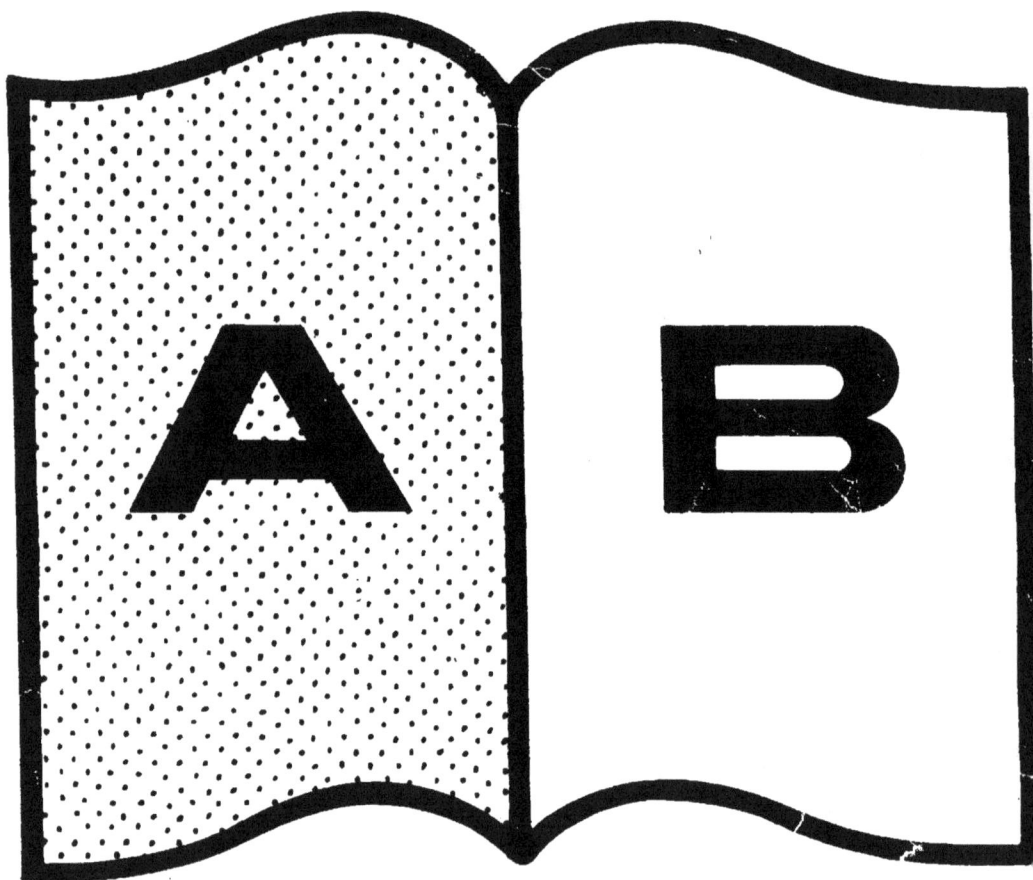

Contraste insuffisant

NF Z 43-120-14

www.ingramcontent.com/pod-product-compliance
Lightning Source LLC
Chambersburg PA
CBHW060120200326
41518CB00008B/885